U0344731

图书在版编目（CIP）数据

海洋塑料：一个入侵物种 / (葡) 安娜·佩戈著；
(葡) 伊莎贝尔·米尼奥丝·马丁斯; (葡) 贝尔纳多
·P.卡瓦略绘；金心艺译. -- 杭州：浙江教育出版社，
2021.3（2022.7重印）

ISBN 978-7-5722-1487-5

Ⅰ.①海… Ⅱ.①安…②伊…③贝…④金… Ⅲ.
①塑料垃圾—影响—海洋生物资源—研究 Ⅳ.X145

中国版本图书馆CIP数据核字(2021)第039587号

引进版图书合同登记号 浙江省版权局图字：11—2021—019
First published in Portuguese as *Plasticus maritimus, uma espécie invasora*.
Text © Ana Pègo and Isabel Minhós Martins, 2018.
Illustrations © Bernardo P. Carvalho, 2018.
This edition is published under licence from Editora Planeta Tangerina, Portugal.
All rights reserved
Simplified Chinese translation copyright © 2021 by Ginkgo (Beijing) Book Co., Ltd.
本书中文简体版权归属于银杏树下（北京）图书有限责任公司

海洋塑料：一个入侵物种

HAIYANG SULIAO: YIGE RUQIN WUZHONG

［葡］安娜·佩戈 ［葡］伊莎贝尔·米尼奥丝·马丁斯 著　　［葡］贝尔纳多·P.卡瓦略 绘
金心艺 译

选题策划：北京浪花朵朵文化传播有限公司　　　　出版统筹：吴兴元
责任编辑：江　雷　　　　　　　　　　　　　　　特约编辑：郭春艳
美术编辑：韩　波　　　　　　　　　　　　　　　责任校对：王晨儿
责任印务：曹雨辰　　　　　　　　　　　　　　　封面设计：墨白空间·唐志永
营销推广：ONEBOOK
出版发行：浙江教育出版社（杭州市天目山路40号　电话：0571-85170300-80928）
印刷装订：天津图文方嘉印刷有限公司（天津宝坻经济开发区宝中道30号）
开本：889mm×1194mm 1/32　　　印张：5.5　　　字数：146 000
版次：2021年3月第1版　　　　　印次：2022年7月第5次印刷
标准书号：ISBN 978-7-5722-1487-5
定价：56.00 元

官方微博：@ 浪花朵朵童书　　　　　　　　　　读者服务：reader@hinabook.com 188-1142-1266
投稿服务：onebook@hinabook.com 133-6631-2326　　直销服务：buy@hinabook.com 133-6657-3072

后浪出版咨询(北京)有限责任公司　版权所有，侵权必究
投诉信箱：copyright@hinabook.com　fawu@hinabook.com
未经许可，不得以任何方式复制或者抄袭本书部分或全部内容
本书若有印、装质量问题，请与本公司联系调换，电话010-64072833

浪花朵朵

海洋塑料：一个入侵物种

［葡］安娜·佩戈　［葡］伊莎贝尔·米尼奥丝·马丁斯　著

［葡］贝尔纳多·P.卡瓦略　绘

金心艺　译

浙江教育出版社·杭州

世界不缺尚待解决的问题

生活在我们这个时代，有一个好处就是能比较清楚地了解哪些问题尚待解决。与其他历史时期相比，这是一个很大的优势，毕竟那时候人们交流得少，科学也远不如现在先进。换句话说，今天，如果我们有心关注地球及其所有居民，就能很容易弄清它们的现状。科学家研究问题、搜集数据，许多时候都找到了解决问题的办法，这是很了不起的。但是我们也感觉到，并不是所有问题都能找到解决方法，对吗？

这是因为：首先，需要解决的问题五花八门；其次，信息尽管存在，却不一定能传递给人们（或者说人们不一定能找到信息）；最后，并不是所有人、组织或者政府都把同样的问题视为当务之急，他们也并非都能很好地履行职责。

所以，发挥积极作用是多么重要啊（做个"积极分子"，说的就是这个意思）！如果我们关注一个问题，并且清楚地知道它将造成怎样的严重后果，那么我们所能采取的有意义的行动，就是相信自己，然后卷起袖子去解决问题。

不要期待问题会自行解决，也别等着别人动手解决，做到这一点，我们就算在推动世界前进的道路上走完了一半的路程。

当我们想要解决某个问题时，我们的年龄、职业并不重要；我们有时可能会感到有些孤单，至少刚开始行动时会这么觉得，但是没有关系。外面的世界并不缺少榜样：各种年龄和出身的人都成了某项公益事业的发声者；而事实证明，独自一人也能改变一切。

本书的创作，一是为了让我们更好地了解海洋塑料；二是为了让大家以最有效的方式行动起来，减少污染；三是为了向你们介绍安娜，一位海洋生物学家。她很早就开始关心海洋塑料污染问题，之后再也没有垂下胳膊，放弃努力。希望她能给所有人带来启发。

我的海滩（以及它如何解释许多事情）

有时，人们问我从什么时候开始关心塑料问题，我总是不知道该如何回答，因为我并不是在某个确切的日子里突然决定的，我甚至不记得这一切是不是从那个被我称为"我的海滩"的地方开始的，但是从那里开始似乎更加顺理成章。

"我的海滩"离我从小生活、长大的房子有两百米远。那是一片特别的海滩，因为其中的一片区域布满岩石，非常容易形成潮池。退潮的时候，池子里充盈着海水，为各种各样的动植物提供了避风港。

有些人屋后有院子，而我则幸运地拥有一片海滩，离家只有步行两分钟的距离，这可是一个人所能拥有的最不可思议的院子了。

每天放学一回家，我就把书包丢到角落，冲屋里大喊："妈妈，我去瞧瞧海滩怎么样啦！"然后我就去了……"瞧瞧海滩怎么样"，听着就像是去看一位朋友，感知他的心情。

我最喜欢的一件事就是观察潮池。
看这一切多么美丽啊……

　　即便那时什么都不懂，"去海滩"也意味着观察许多不同的
事物：

- 潮池是空还是满（或者说，潮水是涨还是落）；
- 沙子跟昨天一样，还是已经移动了（沙子会根据季节和潮汐
  变化，在海滩的不同区域堆积）；
- 海面平静还是波涛汹涌；
- 海滩上有别人，还是只属于我一个人。

　　另一件重要的事，就是气味。退潮时，大海的气味如此浓重，
简直难以想象，甚至还会沿街飘进我家里！

（A）

缺刻扇蟹
（*Xantho incisus*）

（B）

沟迎风海葵
（*Anemonia sulcata*）

（C）

墨角藻
（*Fucus spiralis*）

（D）

拟球海胆
（*Paracentrotus lividus*）

（E）

红秀织纹螺
（*Nassarius incrassatus*）

（F）

欧洲帽贝
（*Patella sp.*）

有些日子，赶上退潮，我会沿着岩石区走到下一片海滩。一路上，我寻找化石，探索海洋动物。直到今天我仍然会这样做！再后来，我把搜罗海洋垃圾也纳入探索考察的范围。

关注海洋塑料是由很多事共同导致的。但在"我的海滩"的潮池所度过的时光，很大程度上解释了我为什么会对此感兴趣。正是在那里，我学会了喜欢大海。当我们喜欢上一样东西，便无法对任何与它相关的事物无动于衷，这是再自然不过的。

海洋有那么多问题，为什么选择关注塑料？

关于海洋的问题可以列出一张长长的清单。举几个例子：气候变化引起的水温升高，与过度捕捞有关的问题，海洋运输造成的噪声污染，石油泄漏和未处理的污水排放等多种源头导致的化学污染（有时候是看不见的），物种保护……

我选择关注塑料，是因为海洋里 80% 的垃圾是塑料。此外，所有证据似乎都表明，海洋微塑料的存在与很多健康问题有着千丝万缕的关系，藻类、鱼类以及许多其他物种都受到影响。可以肯定的是，我们人类也在承受着这种污染所带来的后果。

你会在这本指南中发现什么？

在这本书里，我将向你们展示一些最常见的塑料样本，还有我找到的其他奇特的东西。

由于我的初衷是让大家成为研究塑料这一入侵物种（详见第30页）的专家，因此我相信引入一些基本信息是很有用的，可以帮助我们更好地描述问题——只有这样才能对症下药！这也是我们为什么还要在书中讨论海洋的功能、塑料进入海洋的原因，以及这些残留物会对整个地球的生命产生什么影响。

最后，我希望每个人都愿意拒绝所有不必要的塑料用品，寻找替代品，从来自世界各地的人们想出的妙招中汲取灵感，因为许多志同道合的朋友，正在编织成一张越来越大的网，想要共同消灭海洋塑料。

"海滩清洁工"或"海滩拾荒者"？

海滩清洁工是指集体或单独清洁海滩的人。海滩拾荒者则是在海滩上收集垃圾的人，他们还会摇身一变，成为收藏家，对发现的物品的起源和历史兴趣盎然。安娜就是一个海滩拾荒者！

在阅读过程中，假如有一两位读者兴致勃勃地想要去海滩收集一些海洋塑料的标本，也许甚至还想建立自己的收藏库，我会非常高兴！

任何人如果愿意的话可以在展示收集品时加上"#plasticus martimus"（#海洋塑料）这样的主题标签。

目录

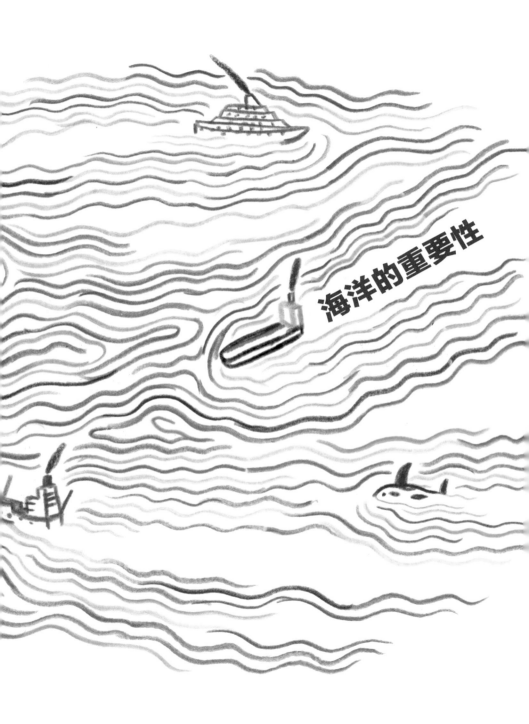

海洋的重要性

海洋宽广，也很重要

我们有时会忘记，海洋在地球生活中有三个极其重要的功能：它是最主要的气候调节器，产生的氧气占我们所吸收氧气的 50%，为大量生物提供了栖居地和食物。

好美啊！

你知道什么是恒温器吗？

恒温器是一种调节温度的装置。我们可以说，海洋就像地球的恒温器，能吸收并储存大量的太阳辐射能，防止地球温度过高。此外，海洋还会通过洋流，将这种热能重新分配到不同地区，使地球的温度变得舒适（人类生命的出现也由此成为可能）。

你知道什么是肺吗？

当提到氧气，我们脑海里第一个浮现出来的词就是"树"或"森林"，这并没有错，但我们总是忽略，海洋与森林一样，也肩负着制造氧气的重任，是我们呼吸的大部分氧气的来源。这是因为海里漂浮着大量微藻，它们叫作浮游植物，像所有绿色植物那样，通过光合作用吸收二氧化碳，产生氧气。准确地说，我们呼吸的氧气有一半以上都是海洋里的微藻产生的！

如果海洋中充满塑料和其他污染物，这些微藻就会迅速消失。因为塑料中的有毒物质会杀死其中一些微藻。除此之外，大量塑料漂浮在水面上，会阻挡光线穿透海水，没有阳光，微藻也会死亡。

令人印象深刻的数字

我们呼吸的氧气中有 50% 到 70% 来自海洋。也就是说，海洋产生的氧气比所有热带雨林产生的加起来还要多。（注意：这并不意味着热带雨林就不重要了，愿森林永远郁郁葱葱！）

对微藻大声说谢谢。

没有它们就没有我们。

"食物链" 到底指什么？

在海洋食物链中，小生物会被大生物吃掉：一切都始于浮游植物——这是漂浮在海里的微型植物的名字。

1. 浮游植物位于食物链最底端，是许多动物的食粮。

2. 紧接着是浮游动物，即非常微小的动物（例如仔鱼或微型甲壳动物），它们是小型鱼类的食粮。

3. 然后是中型鱼，大型鱼……还有我们人类。

众所周知，有些微藻会附着在海洋微塑料（详见第48页）上面。既然浮游植物位于食物链底端，你一定已经猜到后面将会发生什么了吧：以浮游植物为食的动物会把塑料吃下去，而以这些浮游动物为食的其他动物也会间接把塑料吃进肚子！

结论： 为了让地球健健康康，海洋里的浮游植物也得健康地活着，因为营养物质的循环正是从浮游植物那里开始的，这种循环养活了地球上大量的生物。

人与海洋之间发生的重大事件

我们与海洋之间发生了许多事情：航行考察，探索发现，出现问题，重要决定。我们挑选出了其中一些重大事件。

1872 年—1876 年
英国"挑战者"号探险队出海远征，环游世界，并带回了许多关于海洋的新信息。

1943 年
法国探险家雅克·库斯托（Jacques Cousteau）发明了水肺，这种水下呼吸装置彻底改变了人类深海潜水的方式。

1950 年
塑料垃圾开始进入海洋……

1960 年
一艘深海载人探测艇首次抵达马里亚纳海沟的挑战者深渊（海底最深处，深约 11 000 米）。

1970 年
科学家就北大西洋中存在微塑料的事实首次发出警告。

1973 年
《国际防止船舶造成污染公约》正式签订生效，限制船舶向海洋排放垃圾（包括塑料）。

1992 年
托佩克斯／海神卫星开始绘制海洋表面地图。

1995 年
大地测量卫星开始绘制海洋洋底地形图。

1997 年
船长查尔斯·穆尔（Charles Moore）在参加一场帆船挑战赛时，发现北太平洋有一座巨大的塑料岛。他是最早呼吁人们关注海洋塑料污染问题的人之一。

2008 年
联合国将 6 月 8 日定为世界海洋日。

2010 年
海洋生物普查[1]计划首次公布成果，该计划旨在研究海洋生物的多样性和分布情况。

2010 年
世界各地的组织开始颁布指导方针，应对海洋废弃物问题。

2011 年
塑料行业承诺采取措施，帮助解决海洋塑料污染问题。

2012 年
海洋废弃物是联合国可持续发展大会（"里约 20+"峰会）的优先考虑事项之一。

2014 年
"微塑料"开始进入我们的日常词汇表。

2015 年
全世界有越来越多的人意识到塑料污染问题的严重性，并且采取行动想要帮忙解决它……如果你正在读这本书，那么你也是这群人中间的一员了！

2016 年
法国是首个通过法律来禁止使用一次性（不可生物降解）塑料制品的国家。

2016 年
英国禁止化妆品行业使用微塑料。许多国家紧跟其后。

2019 年
欧盟批准实施塑料战略：到 2030 年，欧盟境内流通的所有塑料包装都必须回收或再利用。

2019 年
英国科学家开始通过卫星监测海洋塑料。

海洋的重要性

1. 普查：统计学研究，一种提供列表的计数工作。（本书脚注如无特殊说明，均为作者注。）

野外指南

一个入侵海洋的物种

一个存在又不存在的物种

野外指南可以帮助人们认识大自然的某一个方面。这类图书通常都有比较实用的信息，并配有许多图片，这样科学家就可以在野外考察的时候鉴定物种，将它们进行比较，或者根据书上的信息解答疑问。野外指南是为行走者而生的！如果你稍加留意，就会发现它们经常跟着研究鸟类、植物或哺乳动物的科学家东奔西走，不是在他们的书包里，就是在他们的手上。

这本野外指南是为了向你介绍一个物种，它并不属于自然界，却越来越频繁地在沙滩或海洋中出现。安娜觉得有必要给它起个学名，这非常重要，因为事物一旦有了身份，就会变得更加具体。

把塑料视为入侵物种，还有一个好处，就是可以引导我们仔细观察塑料，就像科学家专门研究一个物种时所做的那样，例如，它属于哪个"家族"、有什么特点、在地球上（或某个地区）如何分布，或者它的"生命周期"是怎样的。

受科学家使用学名命名生物的启发，安娜也给塑料起了个名字，它会留存在人们的记忆里，并且展露出整件事荒谬的一面：海洋里的塑料是如此之多，以至于我们可以将其视为一个入侵物种。

你应该已经注意到了，物种的学名总是由两个斜体的拉丁文单词组成。比如，"*Tursiops truncatus*"（宽吻海豚）是某一种海豚的学名，它们中的一部分就居住在葡萄牙南部的萨杜河河口。但是，在葡萄牙的亚述尔群岛，尽管也有宽吻海豚，更常见的却是另一种海豚——"*Delphinus delphis*"（短吻真海豚）。

学名由以下部分组成：

（1）一个属类名称／属名
（首字母大写）

（2）一个种类名称／种加词
（全部小写）

Plasticus[1] _maritimus_[2]
（1.塑料；2.海洋的）

两个词合在一起，就能确定一个物种的身份，还能避免引起严重混淆。

安娜把这个入侵物种命名为"*Plasticus maritimus*"（海洋塑料），显然是因为它是塑料制成品，而且人们可以在所有海域和沿海地区发现它。

这是什么物种？

档案卡

学名：

Plasticus maritimus（Pêgo，2015）

这是给物种命名的科
学家的名字（此处为
安娜的姓氏）

这是物种得到命名
的年份

家族： 塑料科（Plasticidae）
这个家族里的"动物"体内均含有某种塑料
成分。

特征： 这一物种可以有各种各样的存在形式。
通常，这些形式都是可辨认的（也就是说，我
们能够轻易地说出什么是"渔网"或者"水
瓶"），但是，该物种也经常出现难以识别的形
式。这种情况下，我们无法说清楚这到底是什
么东西，因此就有必要展开调查。

颜色： 什么颜色的都有，包括"看不见"的颜
色。它们可以是透明的，也能以小到无法辨认
出颜色的微粒形式存在。

海洋塑料

尺寸： 人们可以找到所有尺寸，从大型物件到最小的颗粒（肉眼不可见）。

移动方式： 一般来说，可以轻易移动，而且速度很快，移动方向则取决于风向和洋流。有一点需要重视：最轻的样本可以飞行或漂浮，但另一些样本，因为比较重，可以在海底留存很久。

分布： 世界各大洋与沿海地区均有分布。

拟态能力： 伪装界的冠军，能够乔装打扮，以便与其他动物混淆起来，比如可以模仿海龟的食物——水母，也可以使自己缩小到最小的尺寸，小到可以混进浮游生物群。

适应能力： 可以轻而易举地适应所有生态系统，对温差和盐浓度表现出极大的耐受性。这就是为什么在过去五十年里，它能不受控制地急剧增加，影响全世界的海洋与沿海生存环境。海洋塑料是如此擅长融入我们的生活，以至于我们都注意不到它……因此，它也是一个极其危险的物种。

生命周期： 第一阶段是陆生的，与"陆地塑料"（*Plasticus terrestris*）没有区别。从陆地转向水生环境的过渡期时长不定，可能只需几分钟或几天的时间，也可能很多年都是陆生状态。塑料会先流经小溪、河流以及其他水系，最终以直接或间接的方式抵达海洋。

毒性： 总体上毒性强，但程度不一。毒性最强的是那些添加了特殊化合物的塑料，这些特殊化合物是为了让原始材料软化、硬化或者增加柔韧度。除此之外，还要考虑到塑料在海里时，海洋污染物也会附着在塑料表面。

地方性／外来性／入侵性： 外来性入侵物种

生存现状： 目前还没有任何因素能威胁到海洋塑料的生存状态。对我们来说，它自身就是一种威胁！

如何清除海洋塑料： 未来，最有可能威胁其存在的办法就是消除一次性塑料制品（目前有 50% 的塑料制品只被使用一次），减少塑料制品的生产和消费，以及增加再利用率和回收率。

海洋塑料已被列入外来入侵物种名单，威胁着海洋生物多样性以及人类的生存。清除它刻不容缓！如果你发现任何这样的塑料制品，请将它放到黄色回收桶里[1]。

1. 葡萄牙的垃圾分类回收桶有红、黄、蓝、绿四种颜色，其中黄色回收桶用于放置塑料和金属包装物。——译者注

有多少塑料在海洋里游走？

　　一位名叫珍娜·詹姆贝克（Jenna Jambeck）的美国科学家同其他科学家一起完成了一项重大研究，目的是查清每年究竟有多少塑料流入海洋。你应该能想象到，要做好这项统计并不容易，所以，他们集结多个不同领域的科学家，创建了一支庞大的专业团队。这项研究得出的结论是：每年约有 800 万吨塑料流入海洋[1]（几乎全部是包装物）！

　　这相当于每小时往海里倾倒约 1000 吨塑料，也就是差不多每分钟倾倒一卡车塑料。

　　最新统计数据还显示：随着人口不断增长，塑料消费量不断上升，到 2050 年，这个数据（800 万吨）将会翻倍。于是，我们得出一个令人悲伤的结论：2050 年，海里的塑料将会比鱼还多（以重量计）[2]。

如果我们什么都不做，那就太糟糕了，你不觉得吗？

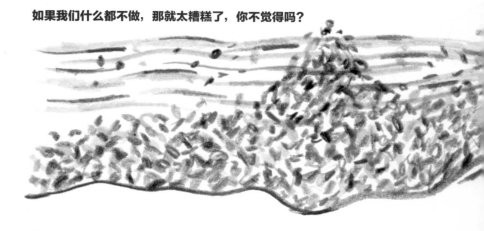

1. 数据来源：https://jambeck.engr.uga.edu/landplasticinput。
2. 数据来源：艾伦·麦克阿瑟基金会 2016 年报告。

海洋塑料

注释 1 就在我们写这本书的时候，英国发表了一份报告指出，如果我们不采取任何措施，那么最可能发生的情况是，海洋中的塑料数量将在短短 10 年内变成现在的 3 倍。

注释 2 就在我们给这本书选择图片的同时，全球顶级科学期刊《自然》发表了一项研究，用科学数据证明了"太平洋塑料岛"是如何以令人震惊的方式迅速扩大的。当我们写下这条注释的时候，这个垃圾岛的面积已经是葡萄牙的 17 倍了。

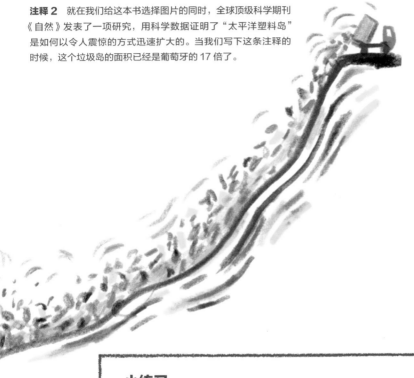

小练习

- -

每年有多少千克塑料流入海洋？

1 吨 = 1 000 千克

800 万吨 = 1 000 千克 x 8 000 000 = ？（现在你需要在答案中添加多少个零呢？）

让我们再重复一遍：

800万吨塑料流入海洋。

每年。

塑料会去哪儿呢？

我们可能会以为，只有全世界人口最多的地区或者沿海地带才有塑料，但事实并非如此，塑料遍布地球各大海洋，甚至最偏远的地方也有，例如北极或太平洋最偏僻的岛屿。

我们在沙滩上看到的不过是冰山一角，因为塑料并不只是漂浮在水面上，还有成千上万吨的塑料制品沉积在海底。

塑料不会永远漂浮，一段时间以后，海藻或动物就会附着在塑料表面生长，于是塑料就会变重，沉入海底。同样地，当一个包装盒装满了水，就会变得沉甸甸的，不再漂浮。

葡萄牙亚述尔大学的克里斯托弗·金·彭（Christopher Kim Pham）参与了一项研究，目的是了解塑料会移动到哪里，更确切地说，是研究塑料是否已经抵达欧洲海岸附近海域或偏远海域的底部。这项研究在大西洋和地中海的 32 处地点进行，结果科学家们发现这些地点的海底全部都有塑料，甚至连大西洋中央、远离海岸 3000 千米的地方也有，一些塑料沉积的位置还非常深[1]！

正如这位科学家所说："塑料比我们更早到达那里！"

塑料需要多长时间才能降解？

降解时间取决于许多因素：塑料种类，物品大小，环境条件（日照、水温、洋流），塑料移动经过或所在的区域。例如，由于所在区域水温更低、光照更少、腐蚀现象也没有那么严重，那些最终停留在海底的塑料将会需要更长的时间才能降解。按理说，塑料作为一种有机材料（由石油提炼物制成），应该会分解成二氧化碳和水，但没有人知道这究竟需要多长时间，因为没有人能长命到看见塑料完全降解。

1. 数据来源：克里斯托弗·金·彭（等），《从陆架到深海盆地——海洋垃圾在欧洲海域的分布和密度》，载《公共科学图书馆：综合》期刊（*PLOS ONE*），第 9 期，2014 年，编号 e95839。

海洋垃圾降解所需的大致时间

一次性尿布 → 50—100 年

果汁包装盒 → 100 年

易拉罐 → 80—100 年

塑料瓶 → 450 年

鱼线 → 600 年

数据来源：葡萄牙海洋垃圾协会（"大海无垃圾，海洋有生命"）

什么是可生物降解材料？

可生物降解材料是指在细菌和其他生物体的作用下可以发生降解的物质，最后它们除了二氧化碳和水（即存在于自然界的物质），什么都不会留下。

塑料降解得非常缓慢，可能要好几个世纪才会完全消失。

海洋塑料所带来的后果

鱼类、鸟类、龟类、鲸以及其他物种与塑料相遇，结果几乎总是不幸的。有三种情况尤其令人担忧：

1. 动物吃下塑料或微塑料，且这些东西在它们的器官和组织中不断累积；

2. 动物被塑料网兜、塑料环或其他东西困住或者弄伤；

3. 塑料释放出自身所包含的添加剂以及从海里吸附[1]的污染物。

我们不想展示的画面

在互联网或有关海洋的纪录片中，经常会出现一些触目惊心的画面，揭示动物因为上述情况而受到的可怕影响。这些景象让人无法忘记。

---

1. 是"吸附"而不是"吸收"，也就是说，"某种污染物的分子紧紧附着在塑料的表面"。

1

例如，摄影师克里斯·乔丹（Chris Jordan）曾在太平洋中途岛上拍下照片，记录信天翁雏鸟是如何吃下父母喂养的食物以致最终无法存活的，那些食物基本上都是塑料。这种事情是怎么发生的呢？很简单：塑料的颜色和形状会吸引信天翁；而且，当塑料在海里待久了，会被藻类或小动物覆盖，从而染上美味食物的香气，信天翁父母很容易误以为那是食物，满怀希望地收集起来，喂给孩子们吃。没过多久，雏鸟就死了。

结论： 很多吃下塑料的动物最终因饥饿而死，因为它们无法消化塑料（本来就是不可消化的），总是感觉很饱。

2

2017 年，一头喙鲸被冲上挪威的海岸，最终惨死。在尸检[1]过程中，人们从它的胃里取出了 30 个塑料袋（现在它们都陈列于挪威卑尔根大学博物馆里）。2018 年，又一头鲸被冲上泰国的海岸，它的肚子里有 80 个塑料袋！

---

1. 即尸体解剖。

3

还有一些同样触目惊心的海龟图片，龟壳被塑料环卡住，变畸形了，而这种塑料环原本是用来包装饮料瓶和易拉罐的。

4

海龟经常会把塑料袋误认为是水母。由于水母是海龟最喜欢的食物，它们会毫不犹豫地把塑料袋吃进肚子，导致最终死亡。

5

动物因尖锐的塑料碎片受伤的案例也是数不胜数。这些伤口既可能在体外，也可能在体内（当塑料被吃进体内，或者某个塑料制品进入动物身体的孔洞，如鼻孔）。

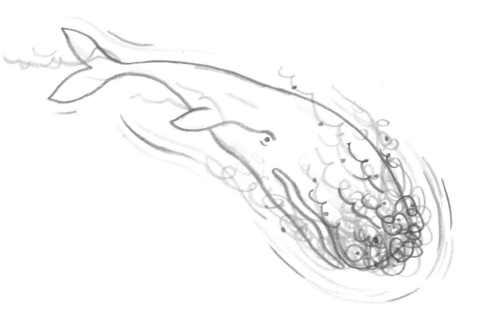

6

有的情况与摄取食物无关，但同样严重。例如，一些动物会被丢失在海里的渔网缠住，或者被困在塑料包装物的碎片中，无法动弹，因而也不能到水面呼吸或觅食。很多时候，困在渔网里的动物还会吸引捕食者，后者最终也会被困网中。

在亚述尔大学，科学家对海龟和猛鹱（生活在亚述尔群岛的一种非常有特色的海鸟）进行长期监测，得出的结论是，在他们所研究的动物中，80% 的海龟与 90% 的猛鹱消化系统中含有塑料。

有毒物质的危害

塑料具有非常独特的化学特性。一方面，这是一种能够吸附其他物质的材料（也就是说，一些液体分子，即污染物，会附着在塑料表面）。因此，塑料在海里泡久了，几乎都含有大量的污染物（它们以某种方式进入了海洋）。有时候，一些化学物质使用的年代已非常久远，甚至早就被禁止使用，但仍然存在于水中。

另一方面，塑料还能释放属于自身成分的物质。例如，在长期受热的情况下，某些塑料可以释放出添加剂以及它们所吸附的污染物。有一类添加剂已被证明对人类健康危害极大，那就是邻苯二甲酸酯。

后果： 塑料包含大量有毒物质，即使当它降解成非常小的颗粒，有毒物质也依然存在。一旦这些物质进入海洋动物的食物链，自然也就不难通过我们吃的海产品，转移到人体组织中去。

微塑料，大麻烦

塑料在海里游荡的时候，会因为冷、热、日晒、盐分、海浪和风的作用或者与沙石的接触，受到各种各样的损耗。渐渐地，它会变得易碎并且解体，产生成千上万个小颗粒。对于所有长度不超过5毫米的塑料碎片和颗粒，我们都称之为"微塑料"。

例如：塑料零件和其他塑料制品的碎片；面霜和去角质产品[1]中的塑料颗粒；生产所有塑料制品所需的原材料——合成树脂颗粒。

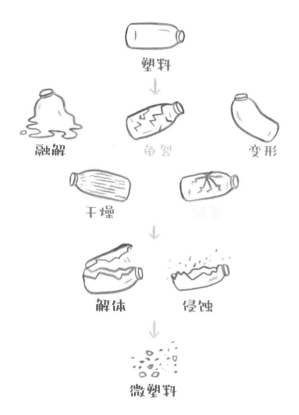

塑料

融解　龟裂　变形

干燥　破裂

解体　侵蚀

微塑料

虽然这些塑料碎片体积"微小"，肉眼几乎看不见，但却代表着一个严重的问题：它们不仅无法从海洋中提取，而且还会被小型海洋生物摄入体内，从而波及食物链上的所有生物，包括人类。

1. 去角质产品是用来去除皮肤表层细胞，使得皮肤更加柔嫩的研磨产品。

一个入侵海洋的物种

然后呢?

摄入微塑料究竟会对人类健康产生什么不良影响,目前还不是十分清楚,但已知在某些海洋生物体内,微塑料可以进入生物体组织,在细胞中引发炎症或造成损伤。此外,这些微塑料往往既含有化学添加剂(塑料生产过程中添加),又含有污染物——它们原本就存在于海里,即所谓的持久性有机污染物(POP),如 PCB、PAH 或 DDT[1] 等。

这些物质会集中在生物体组织里,随着时间的推移而不断累积(即生物积累)。当然,一旦在生物体中累积超过一定限度,它们就会引发严重的健康问题,特别是在内分泌系统(调节腺体分泌激素)中,会引起发育、生殖等方面的病变。

信息来源:海洋污染科学问题联合专家组(GESAMP),《研究报告第 90 号——海洋微塑料》。

什么是生物积累?

生物积累是指有毒物质不断在生命体内蓄积的过程。这种情况下,人们担心海水中存在的有毒污染物会转移到鱼类和甲壳类等动物的组织里,最终进入人体。

---

1. PCB 是多氯联苯的简称;PAH 指多环芳烃;DDT 是一种杀虫剂的简称,化学名为双对氯苯基三氯乙烷。这几类化学产品有些已被禁用,但依然存在于海洋中。

塑料逐渐在所谓的"涡流"中聚集，后者是像巨大的旋涡一样飞旋的大型环流。当塑料卷入"涡流"，就会被推向中心，形成体量庞大的垃圾堆，人们称之为"垃圾岛"。

地球上有五座巨型"垃圾岛"（分别位于南北大西洋、太平洋和印度洋）。其中面积最大的岛在太平洋，位于美国夏威夷和加利福尼亚之间。

然而，当说到这些"岛屿"时，我们其实说的应该是"塑料汤"，因为海洋中几乎每一块塑料碎片（大约 95%）都要比一颗米粒更小。

美国一个机构在五大洋组织了五次出海考察，归来后作出估算：整个地球大约有 5.25 万亿块塑料碎片在海里漂流[1]！

---

1. 数据来源：五环流研究所（5 Gyres Institute）。

如何准备实地考察

海洋塑料，我们来啦！

这一章的内容可以让你像生物学家那样进行一次
"实地考察"。在这次出行中，你可以观察、收集和辨别海洋塑料这一威胁性物种的部分样品。请阅读安娜的小贴士，开始着手准备吧。

"我尽量让书包一尘不染，但有时候，它也有更大的用途……"

收集垃圾所需的物品

● 结实耐用的大袋子和小袋子（可重复使用）

● 过滤器（用来收集微塑料）

● 各种尺寸的瓶子

● 手套

● 小刀 [1]

1. 非常有用，可以切割缠绕在塑料上的绳索或渔网，但只能由成年人使用，或者在成年人帮助下使用。

在计划出行的时候，我们可以备齐一些物品，以便收集垃圾。但是，做好准备随时跳上沙滩、自发地收集样品，也是很重要的。

海洋塑料

全副武装吧!

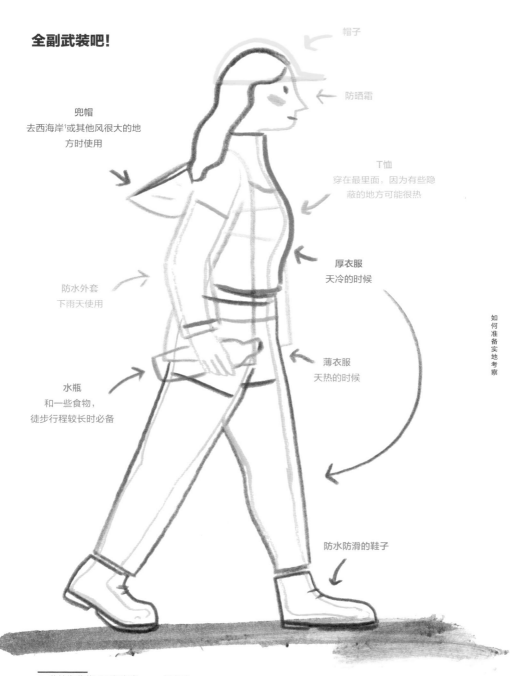

帽子

防晒霜

兜帽
去西海岸[1]或其他风很大的地方时使用

T恤
穿在最里面,因为有些隐蔽的地方可能很热

厚衣服
天冷的时候

防水外套
下雨天使用

薄衣服
天热的时候

水瓶
和一些食物,
徒步行程较长时必备

防水防滑的鞋子

1. 此处指葡萄牙西部海岸。——译者注

"别忘了脖子后面也抹上防晒霜。总是低头盯着地面会暴露平时遮挡着的身体部位……（是的，我的脖子已经晒伤，难受死了！）"

一些想法：

● 书包里一定要常备些袋子，以便路过某片海滩时捡垃圾用。

● 为了将微塑料从沙子中分离出来，你可以使用过滤器或筛子。

● 当你已经相当了解某个地方以及一般会在那里出现的东西，就能更好地预测和整理所需物品。例如，如果你要去一个都是大件垃圾的地方，就得带上大一点的袋子。

那铲子呢，需要带吗？

通常，收集垃圾并不需要挖地铲土，因为垃圾会落在沙地表面。

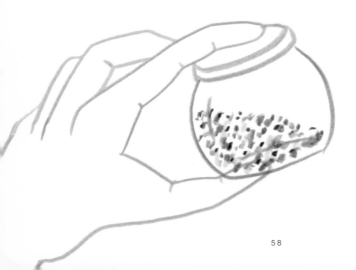

当我打算在海滩上待很久的时候，我最讨厌的事情：

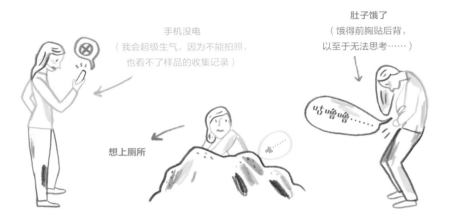

所以：

● 出发前千万别忘了上厕所。

● 出门前填饱肚子，给手机充好电。

● 不要忘记带上瓶装水、一包饼干或者一个水果。

两条与收集样品有关的规矩：

虽然我不会把在海滩上找到的东西全都带走，但我还是给自己立了两条规矩：

● 如果我要捡起一样东西看看那是什么，就一定要把它带走。也就是说，凡是我捡起来的东西，绝不再扔回到地上。

● 优先收集那些对海洋生物来说危险性更大的物品，比如泡沫塑料（因为它会碎成无数个小球）、塑料袋、渔网等。

海滩注意事项：

当在海滩上时我们很容易分神，因此，必须全神贯注，避免发生意外。

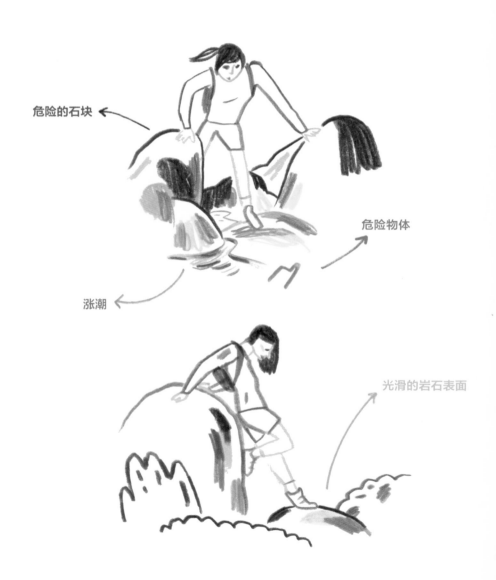

危险的石块

危险物体

涨潮

光滑的岩石表面

首先:

必须明白捡垃圾不是闹着玩儿的。

捡垃圾时要小心:

● 锋利物体（如玻璃、罐头等）

● 有刺针的物体（如针头、糖尿病人采血针[1]）

● 非常肮脏或危险的物体（如装有不明液体的瓶子、装运沥青的包装袋，甚至狗的粪便……）

其次:

大海也有可能充满危险，所以要提防潮汐、大浪以及海面汹涌的日子。

关于大海和沙滩，应注意以下事项:

● 始终与大海保持安全距离，以免被海浪追着跑。

● 在多岩石和碎石子的沙滩上要特别小心，这种地方不好走（特别容易扭伤脚）。

● 一定要牢记，藻类植物是很滑的（极其滑！）。即使是那些几乎看不见的植物也会在石头上形成一层淡绿色的薄膜，使石头变得特别光滑。

● 要记住，冬天遛狗的人很多[2]，所以沙滩上会有很多狗屎。这很恶心……要躲开这些"地雷"也挺烦的……但这就是现实。

---

1. 用来采集血样。
2. 在葡萄牙，游泳的季节里是不可以带狗去沙滩的。

关于潮汐需要了解的重点

潮汐是月球、太阳和地球之间引力相互作用的结果。

地球吸引着月球，所以后者围绕我们的星球运行。但是月球也吸引着地球，只不过没有那么明显。陆地不会受到月球引力的影响，因为前者是大块固体物质，而海水是液体，对这种引力更敏感。结果就是：由于月球引力的作用，潮流形成，并且海水一天产生两次高潮。

理想的潮汐条件是什么样的？

出门捡垃圾，最理想的就是赶上退潮。因为我们可以从容不迫，不必被海浪追着跑；而且退潮时海滩上会留下我们感兴趣的垃圾和"宝藏"。只要我想，并且有条件，我随时都可以去海滩，如果次次都赶上退潮，当然最好不过，但是，如果知道大海此刻汹涌澎湃，我就会避开某些地方或者海滩。幸运的是，我生活在一个有很多出行选择的地区。

潮汐周期

潮汐从高潮（满潮）到低潮（干潮），或从低潮到高潮，所经历的时间约为六个小时。每天都有两次高潮和两次低潮。

每天，潮汐都会"延迟"40—50分钟（也就是说，比前一天发生的时间要晚40—50分钟）。所以，如果今天低潮发生在12点，那么明天就是12点50分（大概是这样……）。

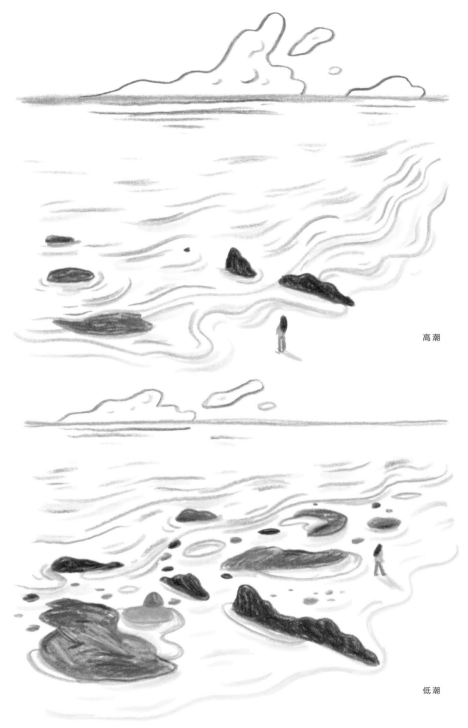

高潮

低潮

最佳时节

秋冬季，我喜欢天气差的日子（但不是暴风雨或浪涛汹涌的日子），这是去海边散步或捡垃圾的最佳时节。秋天的朔望大潮通常会带来很多垃圾。冬天也是海洋垃圾容易出现在海滩的季节，因为风会把垃圾吹到岸上 [1]，较强的潮汐也会帮人们挖掘埋没在沙子里的物品。

对我而言，最没意思的季节就是夏天了，因为每天都有人清扫海滩，不仅如此，我们找到的垃圾都是新的，不是从垃圾桶里飞出来（每年这个时期，垃圾桶都被塞得满满当当）的，就是被丢在沙滩上的……此外，夏季的盛行风也不利于将海里的垃圾带到陆地上。

我喜欢捡海洋垃圾，就是那种已经在海里"到此一游"的。要说有什么是我不喜欢的，那就是新垃圾了！但有时也不得不捡。

最佳地点

关于捡垃圾的地点，我只有两个建议：首先，经验告诉我，收集微塑料的最佳地点就是易刮风的沙滩；其次，收集大件物品的话，推荐一些人迹较少或者难以进入的沿海地区。

注意事项：儿童外出一定要有成年人陪同。出于显而易见的原因，在海边散步或捡垃圾是有一定风险的。

海洋塑料

---

1. 葡萄牙冬季盛行西风，风从海洋吹向陆地。——编者注

海滩月历

10月、11月	很高兴海滩能重新回到我手里,因为当所有人几乎都不再去那儿时,它就属于我了!秋天的潮汐特别有意思,因为可以挖掘出夏季消失的东西。
1月	很遗憾,在人们的认知里,一月份开始跟集装箱掉入海中、货物丢失这样的事情挂钩[1]。当这类事故发生时(不巧的是已经在一月份发生过很多次了),海滩拾荒者们就会相互提醒:该去拾荒了。
3月	这是庆祝勒满亚[2]节的月份。勒满亚是巴西非洲裔文化里的海洋女神。节日当天,人们会依照习俗向女神献祭,有时候,献祭仪式的痕迹也会留在海滩上(比如蜡烛、塑料制品什么的)。
4月 (总是倾盆大雨![3])	四月天,雨万千!多雨的时节里,污水处理厂由于进水量大而排污也是常见的。这个月份,海滩上还会出现很多不断被人们扔进马桶的东西(小瓶盖、棉签等)。
6月	派对之月,气球满天飞——儿童节、学年末,很多地方都有民间节日…… 天气好了,人们也会更加频繁地出去野餐,到露台上休闲玩乐,吃更多的冰激凌,用更多的塑料瓶和塑料杯(因为天热,人们喝得也更多)…… 废弃物开始在垃圾箱里堆成金字塔,然后掉出来,飞走,最终抵达大海。
7月、8月和9月	危险:会有很多吸管从露台飞到别的地方!

---

1. 2019年1月3日,一艘从葡萄牙出发、前往德国不来梅哈芬的货船在北海德国海域丢失了至少270个集装箱,许多货物被冲到了荷兰,除了被冲上岸的电视机、玩具和汽车零件外,在荷兰北部一个岛屿的海滩上还发现了数个装有大量有机过氧化物(危险物品)的袋子。该事故引起了葡萄牙社会的广泛关注。——译者注
2. 此处为葡语原文 Lemanjá 音译,中文也称作"叶玛亚"。——译者注
3. 四月份是葡萄牙的雨季。——译者注

海滩拾荒者趣闻

我捡垃圾时，眼睛自然是盯着地面的……所以很多时候，别人看见我在海滩上，老以为我丢了什么东西（看起来确实如此）。有人会直接问我在干什么："您是丢东西了吗?""您在捡小贝壳?"另一些人则一直观察，直到恍然大悟："噢! 您在捡塑料!"

海滩上每天都会发生不同的事，这让一个海滩拾荒者的生活变得更加有趣。我总是一醒来就问自己："今天我会发现什么?"

经过观察，我发现在某些日子里，一些东西会成为主角，比如个别种类或特定颜色的物品。除了"手套日"（一上午找到了 7 只手套），我还有过"吸管日"（在同一片海滩捡到 133 根吸管）、"253 个瓶盖日"、"40 个遮阳伞的白色锥形尖头日"、"浮标日"、"打火机日"，等等。

也有那么几天，我会说"我受够棉签了，今天一根都不捡"（不光抱怨棉签，还有吸管、打火机等）。但说不定才过几分钟，我就像什么事都没发生似的捡起棉签来（因为棉签实在太多了）……或者到了第二天，我会只以棉签、吸管、打火机这些东西为收集对象。总之，对于海滩拾荒者的生活来说，没有什么是确定的……

那么安娜，你找到值钱的东西了吗？

我从未碰到过装满金银珠宝的箱子……不过有一次，我在离开海滩时发现了一张 20 欧元的钞票。我觉得那是对我一天工作的奖励。偶尔我也会捡到硬币，但遗憾的是，没有什么特别值得一提的"财宝"……

常规物品

日常物品

普通海洋塑料（*Plasticus maritimus vulgaris*）

　　每一天，每时每刻，海浪都会将人类活动的残余物带到海滩上。根据葡萄牙海洋垃圾协会的数据，我们在海滩找到的垃圾中约有 80% 都是塑料。以下是最常见的 10 种海洋垃圾：

1. 烟头
2. 棉签
3. 食品包装（如薯条、饼干的包装袋等）
4. 瓶盖
5. 塑料瓶

6. 渔网和捕鱼用的绳索
7. 饮料包装盒（酸奶、果汁等）
8. 塑料袋
9. 饮料罐
10. 玻璃瓶

这么多垃圾都是从哪儿来的呢？
（还有这么多塑料从哪里来？）

我们可能以为海洋垃圾只来自海滩或海边露台，其实，它们也有可能来自更远的地方：

- 比如从某个垃圾桶里飞出来；
- 走水路抵达大海；
- 或者从我们住所的下水道里过来（详情可见第 110 页）。

五分之四的海洋垃圾源于人类的陆地活动；剩余五分之一源自海洋活动：捕鱼，客船航行，水产养殖，石油钻井平台作业等。

陆地　　　　　　　　　　　　　　海洋

数据来源：葡萄牙海洋垃圾协会根据联合国环境署评估的数据总结得出。

如何找到它们

在海滩上，许多塑料用品都是极为常见的，尤其是在退潮期、海水尚未清洗沙子的时候。

烟头

烟头在葡萄牙海滩海洋垃圾排行榜上名列前茅。据估计，在葡萄牙，每分钟就有 7000 个烟头[1]掉在地上！由于葡萄牙暂时还没有烟头回收计划，这些烟头应该和普通垃圾放在一起。

来源： 烟头经常被直接丢弃在海里或扔进厕所。但即使把它们扔到路上、水沟或溪流里，它们仍然会因为下雨或道路清洁而顺着水流抵达大海。

特点： 我们往往认为烟头是纸做的，实则不然：它们的过滤嘴含有塑料，要花 1—5 年的时间才能降解，不仅会损害吸烟者的健康，对海洋来说同样是污染生态环境的有毒物质。

小贴士： 捡烟头时一定要戴手套。

1. 数据来源：葡萄牙无烟头协会。

海洋塑料

棉签

来源： 出于无知，很多人会把棉签丢进马桶，却没有想到它们最终会跑到海里。

特点： 各种颜色的细塑料管。通常作为垃圾出现的时候已经没有棉花头了，所以特别容易被误认为是棒棒糖的塑料棍。

分布： 在沙滩上出现的概率更高，但也有很多棉签会卡在石头中间（主要是在岩石较多的沿海地区）。

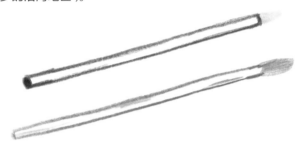

食品包装

来源： 被人"遗忘"在海滩的某个野餐地点，从垃圾桶或生态回收站附近的区域随风飘走，或者被动物从垃圾箱里翻出来。

特点： 以各种特质和形态出现在我们的海滩上。

例子： 冰激凌、薯片、口香糖、糖果、饼干等食品的包装……

危害： 由于其特定的塑料类型，这些包装物有很多不能被回收或者回收难度很大（详见第 112 页）。

塑料瓶+瓶盖+塑料圈

全世界每秒钟大约要消耗两万瓶瓶装水，但是只有 7% 的瓶子被回收[1]。每个瓶子都有一个瓶盖和一个小塑料圈，极易脱离回收系统。

瓶盖和塑料圈成千上万，从透明到黑色，什么颜色都有，最常见的可能还是蓝色的，就是瓶装水和桶装水用的那种。

来源： 露台、海滩、公园、有水流的地方等。

降解时长： 估计要 450 年！

趣闻： 一次性塑料瓶从问世至今不过就五六十年，但它已迅速融入我们的生活中。

妙招： 已经有公司在尝试寻找一种方法避免瓶盖脱离瓶身，这样或许就能防止大量塑料四处乱跑！

海洋塑料

有一回，安娜在拉索海角散步，才 20 分钟左右就捡到了 253 个瓶盖！

1. 数据来源：《卫报》(*The Guardian*)，2017 年 6 月 28 日 (查询时间：2018 年 10 月 10 日)。

渔网和绳索

来源： 商业渔船与休闲渔船、港口、海滩等。

特点： 捕鱼时用的渔网、绳索等工具都是塑料材质，主要由尼龙单丝和复丝制成。

危害： 很多这样的材料丢失在海里多年，会缠住动物并致其死亡（它们被称为"鬼网"）。随着时间的推移，渔网和绳索逐渐分解成微纤维，能轻易进入食物链。

趣闻： 近年来，一些公司开始利用丢失在海里的渔网来制造新产品，从泳装到牛仔裤，种类繁多。

塑料袋

来源： 顺水漂流或从垃圾箱里飘出来，最终进入大海。

特点： 在海里看着特别像水母！因此海龟会吃掉它们。

趣闻： 在葡萄牙，为了减少塑料袋的使用，政府还专门征税，降低其使用量，不过这并没有使人们停止使用。

塑料泡沫

来源： 很多渔民会用大块的塑料泡沫做浮标；有时，也可以用这种材料做饵料盒。

特点： 很轻，会飞或者漂浮，会分解成数千个碎片或小球。

危害： 动物会误认为这些"小球"是其他物种的卵并把它们吃掉，这是常有的事！

妙招： 塑料泡沫经常被用来包装电器，但一些公司已经在用纸板取代这种材料。

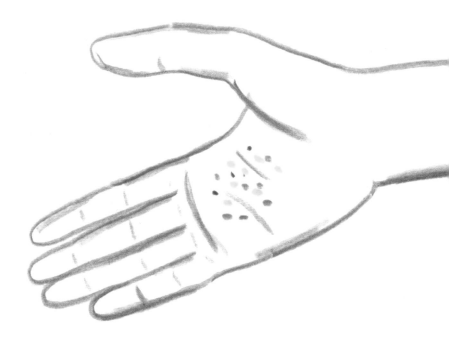

颗粒

初次使用或回收再利用的合成树脂颗粒，用来生产我们已知的各种塑料制品。很遗憾，世界上几乎所有的海滩上都能发现这种颗粒。

来源： 合成树脂颗粒会在生产过程或运往塑料制品工厂的过程中发生泄漏，也有可能在生产或处理这些颗粒的场所进行清洗时发生泄漏。

特点： 细粒状的合成树脂。由于形状、颜色与小石子或沙粒相似，特别容易被人忽视。

危害： 很多动物会误认为这些颗粒是其他动物的卵，把它们吞进肚子。

趣闻： 英国的海滩拾荒者把它们称作"mermaid tears"，意思就是"美人鱼的眼泪"！

值得特别强调的案例

气球战争

你可能已经注意到，为了庆祝纪念日或者引起公众对某一个问题的关注，人们经常会采取放飞气球的方式，以此表达对美好的向往。但我们往往会忘记，气球终究是要从天而降的，即使不是降落到海边，它们也可能被风一路拖着，最后掉进海里。例如，2007年，法国诺曼底地区的人们惊讶地发现，荷兰女王节派对（荷兰非常受民众欢迎的节庆活动）上放飞的气球居然飘到了自家海滩。这些气球一路航行了 800 千米……

已知气球会对许多物种造成不良后果。鸟儿会吞食气球碎片，或被气球绳缠住而惨死（因为窒息或饥饿）。此外，人们越来越喜欢用那种内部装有可发光小型 LED 灯的气球。当然，场面很漂亮，但试想一下，当这些 LED 灯电池（及电池所含物质）落入海里会发生什么……

该怎么办？

除了气象学家使用的探测气球，其他种类的气球并不是我们生活中的必需品。最好的办法就是杜绝使用，或者用完就回收，把它们放进垃圾桶（但第一个办法始终是首选）。

注意：

可生物降解的气球（天然橡胶气球）并不能解决问题，因为它们可以在环境中持续存在 3—4 年，最终仍会给一些物种带来危害。

仅在一天之内，安娜就在她
最喜欢的海滩上找到了133
根吸管……

飞来飞去的吸管（并不总是那么迷人）

几年前，两位在哥斯达黎加研究海龟的科学家偶然发现一只呼吸极为困难的海龟。经过观察，他们断定是一根塑料吸管堵住了它的鼻孔。两人将移除这根吸管的全过程拍摄下来，并决定把视频分享到社交网络。视频红遍全球，从那以后，越来越多的人下定决心对吸管说"不"。

吸管不是生活必需品。除了那些因疾病或残疾而需要使用的人，我们完全可以在没有它们的情况下过日子！此外，吸管属于一次性物品，使用它们意味着消耗大量原材料和能源，使用期限却是如此短暂。

生产吸管所用的塑料并不总能被回收。而且，这些吸管外面往往还裹着一层保护纸，跟吸管一样，也由塑料制成，非常轻盈，因此，吸管和包装物经常从露台或垃圾箱里飘走，最终落入大海。显然，这种情况更常发生在靠近海岸的咖啡馆及餐厅，但在离海很远的地方也有可能发生，只要吸管飞到某条水流通道里就行了。

偶尔用一次吸管或许还挺有趣，但我们此刻所面临的情况并非如此。据估计，光是在欧洲，每年就能消耗 360 亿根吸管[1]！

常规物品

---

1. 数据来源：濒危海洋组织（Seas at Risk），《2017 年背景报告》。

奇特的物品

稀有物种

外来海洋塑料（*Plasticus maritimus exoticus*）

当漫步于沙滩，我们不仅仅会发现普通塑料制品，比如我们在上一章里提到的那些。走路时双眼紧盯沙滩的人，迟早也会发现一些稀有物种，有的还特别神秘……

奇特的物品会随时间在空间里旅行。弄清楚它们的来历很重要，因为可以使我们更好地了解塑料在海里的行踪以及与其降解相关的多方面信息。然而，要鉴定这些物品，即知道它们是什么、从哪里来、在海里待了多久，并不总是件容易的事。这时，互联网就能大显身手了，因为它能让全世界关注这个问题的人相互联系。安娜就是全球物品鉴定网络中的一员，该网络的成员能够互帮互助，共同鉴别这些航行于各大洋且时不时被冲上海岸的物品。

一个（神奇的）全球物品鉴定网络

由于已经关注了一些与海洋垃圾相关的网页，我决定在脸书（Facebook）上创建一个名为"海洋塑料"（*Plasticus maritimus*）的网页。通过它，我可以注意到一些警报，同时与世界各地的海滩拾荒者保持联系，互相给予帮助，去鉴定大量被冲上海岸的物品。这些物品不乏优秀的管理员，其中一位就是英国人特雷西·威廉姆斯（Tracey Williams），她是"纽奎海滩拾荒者"（*Newquay Beachcombing*）和"迷失海洋"（*Lost at Sea*）两个项目的创始人。特雷西帮助全世界的志同道合者建立联系，并以此长期为鉴定物品的工作做出巨大贡献。遗憾的是，"迷失海洋"的网页已经关闭，但许多其他有相同目标的网页还在运作。

安娜找到的一些最奇特的物品

发现物品: 捕蟹、捕虾用的饵料桶
地点: 卡斯凯什城[1] 沿岸和法亚尔岛的多处海滩(亚述尔群岛区域)
时间: 2016、2017 年

这些饵料桶源自美国和加拿大,被放在虾和蟹的诱捕器中使用。拍下这张照片的当天,我找到两个桶身和两个盖子,都是分开的。与此同时,我还找到了更多其他海洋塑料……

1. 位于葡萄牙里斯本大区。——译者注

发现物品："命运"浮标
地点： 阿里巴海滩
日期： 2016 年 5 月 5 日

有一天，在卡斯凯什城的阿里巴海滩，我发现一个浮标，上面刻着神秘的两个字："命运"。由于浮标上紧贴着一些藤壶，我立即明白这东西肯定在海里漂了很久。不过，它是从哪儿来的呢？究竟漫游了多长时间？我把这张照片发布到我的网页上，期待它传遍世界，并带回我所需的答案。

人们对此提出很多看法，但似乎没有一个是百分之百可信的。过了一段时间，图片被分享到"迷失海洋"网页上。11 天后，一个名叫亚伦·索阿雷斯（Aaron Soares）的美国人发来信息，揭示了浮标的故事：原来，它来自美国新泽西州一艘捕捉剑鱼和金枪鱼的渔船，亚伦本人曾登上过这条船！从新泽西州到阿里巴海滩有将近 5454 千米呢！

发现物品： 俄罗斯海军应急饮用水储存袋

地点： 阿巴诺海滩（卡斯凯什城）

日期： 2016 年 6 月 10 日

大约一个月以后，我在阿巴诺海滩上发现一个储存袋，上面写着俄文和英文，文字的意思是"应急饮用水"。这表明它是船舶救生筏上使用的一种水袋，为遇险者提供饮用水。照片上这个储水袋来自一艘俄罗斯海军航船。

发现物品："红双喜"牌香烟罐

地点：拉索海角（卡斯凯什城）

日期： 2016 年 6 月 18 日

不久后，我在拉索海角发现一个"红双喜"牌香烟罐。罐子还是盖着的，里面留着许多烟头。我在网页上发布照片后，好几个来自其他国家的人回复说，他们也在海滩上发现了这个牌子的香烟罐，里面也有烟头。一时间，众说纷纭，然而这些罐子的来历以及装烟头的原因一直没有得到证实……最可信的说法是海员们在航行途中把这些罐子当成烟灰缸，用完随手扔进海里，或者没有把它们放在妥善的地方。

发现物品： 单色玩偶

地点： 卡斯凯什城沿海及阿连特茹省[1] 沿海的多个沙滩

时间： 2016、2017 年

第一次遇到这种玩偶时，我充满了好奇……后来，当我接二连三地遇见同类型的玩偶，就更好奇了……我意识到它们是一个系列，但背后有怎样的故事？又是多久以前生产的呢？我发现，这些玩偶制作于 20 世纪六七十年代，是"君王"（Rajá）牌与"你好"（Olá）牌冰激凌的赠品。其实还有好几个不同系列的玩偶，设计灵感来自当时的动画片与儿童电影角色（如《北海小英雄》里的小威、《高卢英雄传》里的阿斯泰利克斯、瑜伽熊等）。时至今日，在卡斯凯什的海滩上依然能找到许多这样的玩偶。

1. 位于葡萄牙南部。——译者注

发现物品: 海鸥的呕吐物

地点与日期: 克里斯米纳海滩[1](2016 年 3 月 4 日)和孔塞桑海滩[2]
(2016 年 3 月 15 日)

海鸥能够把它们无法消化吸收的食物吐出来(例如贝壳或蟹钳)。因此,通常情况下,海鸥可以把我们在图片里看到的微塑料也吐出来。但并非所有鸟类都有这种能力,它们只能任由吞下的塑料在身体里累积。

当我把这些图片发布到社交网络上之后,一位名叫洛朗·科拉斯(Laurent Colasse)的法国研究员联系到我,请求我把所有该类型的呕吐物照片都发给他。洛朗来自法国海洋开发研究院(IFRE-MER),目前正与荷兰鸟类学家范·弗拉讷克(Van Franeker)合作进行一个国际研究项目,主要研究微塑料颗粒上的污染物以及海鸟吞食这些颗粒所造成的影响。所谓的海鸟,更确切地说,是指暴风鹱(*Fulmarus glacialis*),这种鸟已经成为北欧海洋塑料污染的指示物种。

1. 位于卡斯凯什城西北方向约 10 千米处。——译者注
2. 位于卡斯凯什城沿海。——译者注

发现物品： 龙虾诱捕器上的签条

地点： 卡斯凯什沿海以及法亚尔岛（位于亚述尔群岛）的多处海滩

时间： 2016、2017 年

在美国和加拿大，所有龙虾诱捕器都带有一根签条，上面写着捕捞许可证的相关数据（许可证号、允许捕捞的区域、年份、国家等）。有些签条磨损得比较厉害，上面的字几乎都看不清了……来自加拿大的朱莉－索菲·特朗布莱（Julie-Sophie Tremblay）正在绘制出现在其他国家的签条分布图，想以此呼吁政府制定签条使用的替代方案。

安娜的小贴士：

怎样才能知道一件物品是否在海里待了很长时间呢？

仔细观察就行了！看看是否有活物附着在上面，例如海藻、苔藓虫、

有柄藤壶[1]、多毛虫、无柄藤壶等。

---

1. 我们通常在沙滩岩石上看到的藤壶都是鹅颈藤壶（*Pollicipes pollicipes*）；那些漂洋过海、附着在
   漂浮物甚至海龟身上的藤壶，一般都是鹅茗荷（*Lepas anatifera*）。

其他神秘且难以辨认的物品
复杂海洋塑料（*Plasticus maritimus complicadus*）

写着"密封"一词的橙色物品

2015 年 9 月，橙色塑料事件在网络上引发广泛讨论。人们提出的理论和假设是如此之多，以至于我们花了一年多的时间才搞清这些东西的来历。

2016 年 7 月，谜团一夜之间被解开了！在一次活动中，我展示自己的塑料收藏品，并谈到这些不明物品，几天后，一个名叫曼努埃尔·费尔南德斯（Manuel Fernandes）的小伙子给我写信，说他已经解开谜题：原来，它们是用来密封"喷枪式"防晒霜包装物的。曼努埃尔也是在机缘巧合下才有了这个发现，当时他去了趟海滩，第一次使用这种包装的防晒霜，不得不弄断那个橙色的喷嘴卡。

糖尿病人采血针

我花了很长时间鉴定这些小物件。起初，我觉得它们可能是医疗用品，因为上面有医药商标……但它们具体是用来做什么的呢？为什么会在海滩上？

有一天，我要去医院，便决定随身带几个样品，咨询一下值班的某个工作人员，看对方能否帮到我。此举果然有用，护士立刻就辨认出来了：原来，这是糖尿病患者在家抽取少量血样、做血糖检测时用的采血针。完成抽血后，很多人极有可能直接把采血针扔进马桶，觉得外面某个地方肯定有过滤系统。然而，并非所有地方都有，证据就是这些采血针经常长途跋涉跑到了海滩上。

沙滩遮阳伞底端的尖头

这些东西真让我焦头烂额！虽然很难辨认，但它们其实是我们在夏天都会接触到的一种很常见物品的部件……我都快好奇死了，直到某次去拜访一所学校，一个小男孩说出了确切答案！

小男孩经过一番观察，有理有据地告诉我，这些都是沙滩遮阳伞底端的尖头，人们靠这个把支撑杆插到沙土中固定。问题是，这些尖头经常就这样埋在沙子里而没有人注意……只有当夏天结束，最初的几次强潮来袭，海水搅动沙粒，它们才会显露出来。我曾经一连几天在同一片沙滩上找到 40 多个尖头呢！

小任务

你能帮我辨认一下这些物品吗？

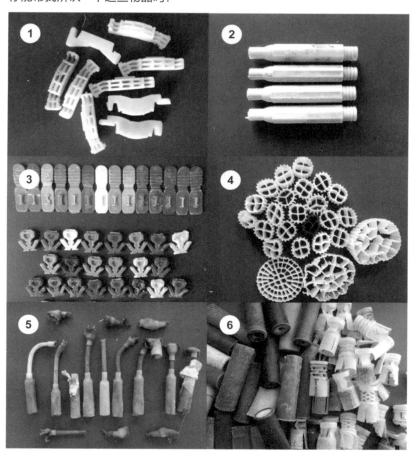

答案：1. 洗碗机里用的沥水篮的碎片（可以在方格之间塞起一点食物，防止再掉进去）；**2.** 从用过的圆珠笔……堆里捡来的？**3.** 用来密封某种带电设备的塑料盖子；**4.** 污水处理厂使用的生物滤器；**5.** 烟花产品中的零件；**6.** 滤烟头里的填充物。

当集装箱（连同里面所有的塑料制品）遇上海难

为了让你有个概念，需要说明一下，仅在 2017 年就有将近 1.3 亿个集装箱随货船漂洋过海！这不足为奇，因为据估计，我们所消费的产品中有 90%（食物、服饰等）都是通过船只来运输的[1]。

当然，时常会有意外发生，有些集装箱会落水。当处于封闭状态时，许多集装箱会在海上漂浮（对航行来说是一种潜在危险），但也有很多时候，它们会撞到岩石或船只，最终裂开，里面的货物就会散落在海面上。

2008 年至 2016 年期间，每年平均约有 1580 个集装箱落入海中[2]。

1. 数据来源：古本江海洋倡议计划／联合国贸易和发展会议（2013）。《2012 年海洋运输回顾》（联合国贸易和发展会议，英国铁路、海事和运输工人全国联盟，2012）。
2. 数据来自世界航运公会。

以下是一些著名案例……

橡胶玩偶集装箱

1992 年 1 月

也许最著名的案例是一艘运输橡胶浮力玩偶的货船……因为遇上一场猛烈的暴风雨，船上一个装有 2.8 万只橡胶玩偶的集装箱掉进了海里！这些玩偶中有蓝海龟、绿青蛙、红海狸、小黄鸭等，毫无疑问，最出名的当属小黄鸭，它们和众多好友乘着洋流一路航行，开始上岸，并最终成为科学家的得力助手：一位名叫柯蒂斯·埃贝斯迈尔（Curtis Ebbesmeyer）的海洋学家将这起集装箱失事视为一次了解洋流机制的绝佳机会，并开始密切关注小黄鸭和朋友们的旅程。

从那时起，这些小黄鸭不仅被用来研究洋流，还被用来测量合成材料在海里降解所需的时间。

- - - - - - - - - - - - - - - - -

乐高玩具集装箱

1997 年 2 月

在英国康沃尔郡附近的海面上，有一艘"东京快运号"货轮遭遇巨浪袭击，船身倾斜过度，导致 62 个集装箱坠海。其中一个集装箱变得特别出名，因为箱内装有 500 万件乐高积木，其中有不少都与航海主题有关。真是命运的讽刺啊！

没过多久，康沃尔郡的海滩上开始出现成百上千的微缩模型：鱼叉、海藻、鱼鳍、海盗剑、章鱼或者龙（后者较为罕见，因此深受海滩拾荒者喜爱）。

- - - - - - - - - - - - - - - - -

惠普墨盒集装箱

2014 年初

2015 年 12 月，通过"纽奎海滩拾荒者"网页，安娜了解到，大概在 2014 年初，有一个集装箱坠海，里面的惠普墨盒也随之倾倒在北大西洋里。

这条消息立刻引起了安娜的注意，因为就在 2015 年 9 月，她在拉索海角发现了一个墨盒，于是她马上想到这个墨盒或许就属于这批在海上丢失的货物（尽管很难发生这样的事，但仍有一丝可能……）。

安娜联系了特雷西·威廉姆斯，后者请她发送墨盒编号。无论有多么不可思议，特雷西最后证实，这个被冲上卡斯凯什海岸的墨盒的确属于落入北大西洋的那批货。

安娜给各大协会及海滩清洁运动组织发出警报，很快，整个葡萄牙沿海地区都开始出现这种墨盒。

很遗憾，在发现这个墨盒以后，安娜陆续发现了更多的墨盒。2016 年的头几个月，仅在卡斯凯什沿海的沙滩上，她就收集了 14 个样品。

粉红塑料瓶案例

2016 年 1 月

2016 年 1 月,一艘名为"MV 蓝色海洋"的货轮不慎掉了一个集装箱到海中,集装箱里都是装有洗涤剂的粉红色塑料瓶。没过多久,数百个这样的瓶子陆续被冲上英国康沃尔郡的海岸,引起了该地区居民和环保人士的极大担忧。幸运的是,这些瓶子绝大多数都还是密封的,自然保护协会争分夺秒地收集尽可能多的瓶子,以防洗涤剂污染当地的海洋生态环境。但是,集装箱里的大部分瓶子自然已经弄丢……至于里面装的洗涤剂,可想而知,一段时间以后将被稀释在海洋中。

健达奇趣蛋案例

2017 年 1 月

又是 1 月份，北方海域的风暴月，但这次是在 2017 年。

一艘负责在中国和德国之间运输集装箱的丹麦货轮遭到"阿克塞尔"超强风暴的吹袭，五个集装箱掉入海中。其中一个箱子里装着数千个健达奇趣蛋，每颗蛋里面都有一个塑料玩具和一小张写着俄文组装说明的纸。

这些蛋让德国东北海岸朗格奥格小岛的居民们惊讶不已。虽然在海滩上捡那数百个蛋不失为孩子们的一个娱乐项目，但渐渐地，当地居民和政府也意识到这番五颜六色的景象并没有那么好笑……

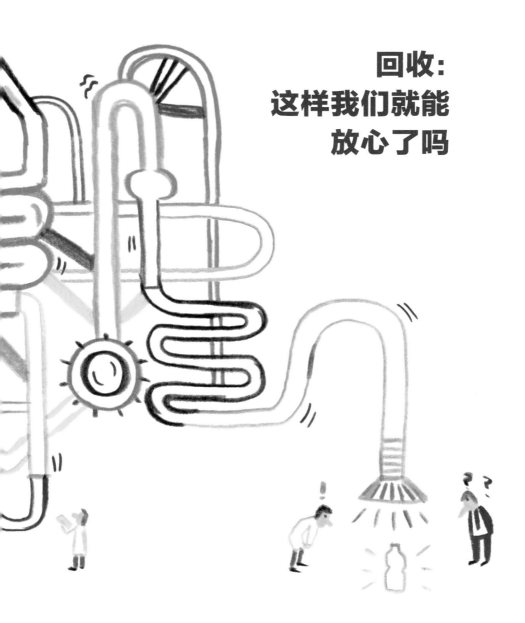

回收:
这样我们就能
放心了吗

回收之路道阻且长

过去，人们不仅生产和消费塑料较少，对塑料会给自然带来什么后果也茫然不知。而且，"回收"二字能让我们彻底放心：只要我们把塑料包装放到黄色回收桶，就万事大吉了，因为这些塑料会像变魔术一样转化成别的东西。多简单啊！可是当我们开始意识到塑料及其回收所涉及的诸多问题，平静的心情便终结了……现在我们将邀请你潜入这片问题的海洋。塑料问题可不怎么令人愉快……你承受得了吗？

数据显示，还有许多事有待完成：

今天，世界范围内：只有 14% 的塑料被收集并等待回收，而真正被回收利用的塑料只占 10% 左右！

今天，欧洲范围内[1]：过去 10 年间，塑料垃圾回收率增长了 80%；尽管如此，塑料包装的回收率只有 40.9%。

今天，葡萄牙境内[2]：官方数据显示，塑料包装的回收率为 43%，略高于欧洲平均水平，但仍存在争议。

---

1. 27 个欧盟国家以及英国、挪威与瑞士。
   数据来源（世界与欧洲）：《新塑料经济——重新思考塑料的未来》——世界经济论坛报告，艾伦·麦克阿瑟基金会与麦肯锡公司；"欧洲塑料"组织——《2017 年事实报告》。
2. 数据来源（葡萄牙）：绿点公司。（葡萄牙绿点公司（Sociedade Ponto Verde）是一家成立于 1996 年的非盈利私人企业。该公司得到葡萄牙政府许可，致力于推广葡萄牙境内包装物的筛选、收集和回收。——译者注）

海洋塑料

潜入问题的海洋

问题 1:

在世界许多地区，废弃物管理（和回收）系统并没有发挥作用。

为什么?

废弃物的收集、分类、处理和再利用需要投入大量资金，因为要用到很多技术以及有能力进行操作的技术人员。这就是在贫困地区，废弃物管理和回收系统不存在或无法运作的原因。而在富裕的地区，即使有这些系统，也未必能很好地发挥作用，因为缺乏投资，组织混乱，以及（或）人们尚未开始给包装物分类。简而言之，就是环境问题还没有成为所有人优先考虑的事项。如此一来，便只有一部分塑料包装被成功回收。至于这个部分是大是小，就得看它是在哪个地区了（详见第 107 页方框）。

- -

问题 2:

这并不只是你家门口海滩的问题，而是全球性问题。

为什么?

与许多其他的环境问题一样（例如气候变化或空气污染），海洋塑料污染也是没有疆界的，也就是说，它并不局限于某一特定区域。即使塑料有具体的原产地，它也会通过洋流迅速传播，成为整个地球的焦点问题。

问题 3:

回收不是变魔术。

为什么?

我们可能以为,把塑料包装放到生态回收站,它就会像变魔术一样,变成一个新的塑料包装,不需要任何环境成本。其实并非如此:回收并不是把一个包装的塑料成分融化掉,然后用它来制造新包装。一方面,回收总是要消耗一定的水和能源;另一方面,塑料并不能无限回收再利用,因为它每回收一次就会失去一些特性。

- -

问题 4:

即使在那些有回收系统的国家,很多塑料包装物最终还是会进入河流与大海。

为什么?

之所以会发生这种情况,是因为人们丢垃圾的时候并不总是小心翼翼。例如,他们经常把垃圾丢到户外,或者倒进已装满的垃圾箱,最后垃圾都溢出来了。在这种情况下,垃圾就会随风飘走,或者被动物带走,而且很快就会抵达河流与大海。

此外,由于我们经常把垃圾扔进厕所,也由于污水处理厂的工作方式,很多塑料制品最终还是会进入大海。让我们具体来看:污水处理厂将下水道出来的水处理后再放回到自然环境。

这是一项伟大的发明，因为可以过滤废弃物及污染物。但是，这个系统还远远不够完善，因为在很多地区，尤其是在城市，街上的排水沟仍然与污水处理厂相连。遇上下大雨的日子，污水处理厂的进水量是如此之大，以至于为了安全起见（如避免管道堵塞），需要直接排放污水，从而中断常规处理。

结论：在多雨时期，污水处理厂无法过滤厕所和水沟残余物，污水会直接排出。最终目的地：大海！

- -

问题 5:

我们使用的塑料中，近 40% 都不易回收。

为什么？

因为一部分塑料已经被危害健康的物质所腐蚀或污染；另一部分则是非常小的物品，它们的收集和运输极其昂贵（例如吸管）；还有一部分是多种材料组成的包装物，很难分离（例如用好几种塑料制成的包装）。

所有这些都是回收成本很高的例子，无法像做买卖那样，收回成本。因此，大多数时候，对它们的回收是失败的。

即使如此，就算有这么多问题，我们也必须继续给垃圾分类，
为提高回收率贡献一份力量。

为什么塑料回收会给回收商带来这么多挑战？

因为不同材质的塑料熔点不同——这意味着有些塑料的熔化温度较高，有些则较低。其结果是：不同类型的塑料不能总是放在一起熔化，因为它们有可能变得非常脆弱，这样，对于那些想要包装结实的人来说，它们就会失去吸引力。例如，有些塑料（像聚乙烯和聚丙烯）只能跟自己家族的塑料结合，因为它们的熔点较低，且无法与熔点较高的塑料很好地融合。

要想回收塑料，首先必须仔细分开不同类型的塑料，然后才能根据每种塑料的聚合物结构重新组合它们。所有这些操作都极为昂贵，从经济效益的角度看也是得不偿失。

结果： 还有大量的塑料制品"躲藏在我们的地毯下面"。由于不能回收利用，这些塑料要么被填埋，要么被高温焚烧。这两个解决方案都很糟糕，一是因为塑料在地下并不能快速降解；二是因为塑料燃烧时会释放有毒物质。

我们为了假装问题不存在而编造出来的东西

　　要处理这个问题并不容易……所以我们常常选择把头埋进沙子里，假装问题不存在。每当问题发生时，我们就会想出各种借口（有些还特别蹩脚）来敷衍它。

　　以下是一些可能阻碍我们（立即）行动的想法：

海洋塑料

（1）地球那么宽广，自然界如此强大，我们的星球坚不可摧。

与很多人的想法相反，大自然恰恰是脆弱的。这很容易理解，因为自然环境中的所有元素都在相互联系、相互影响，某个方面的变化也会在其他方面引发后果。当然，地球的适应能力很强，但也有一个极限。（顺便说一句，我们早就突破地球的极限了！）

（2）科技早晚会发明新事物来解决这个问题的！

与很多人的想法相反，科技并不能解决所有问题，它不能生产氧气供所有人呼吸，不能调节地球的气候，更不能阻止数百万吨塑料在海里降解时被动物吃掉，或释放出有毒物质。

（3）难道企业都不怎么关心环境的吗？

当然也有很多企业真正关心环保，投资科研与新技术，以改善环境，回馈社会。但是企业只有在感受到消费者有所要求时，才会做出改变。（是时候让我们变得更加苛刻了！）

（4）我不需要考虑这个问题，因为机构和政府会保护环境、保护人民（它们会负起责任来的）。

财政资源（就像自然资源）并不是无限的，政府必须确定事情的轻重缓急，也就是说，必须选择把钱花在刀刃上（是建一所学校，一家医院，还是拯救一个物种？）。这其中还会有许多压力，比如说来自企业的压力，它们会试图维护自己的利益……虽然科学家发出了警告，但相关部门并非总能在适当的时候采取行动。

今天，我们已经不能说"哎呀，我不知道……"

信息的匮乏使我们不能随时随地意识到环境问题。海洋塑料污染就属于这种情况。举两个例子：有人还在继续使用一次性盘子和杯子，因为他们不知道这些东西不一定能回收。同样地，有人把棉签扔进马桶，也许是因为他们从未想过这东西最终会进入海洋。如果每个人都能获得信息并知道自己行为的后果，那么毫无疑问，一切都会不同。

诚然，塑料污染问题近年来才出现，人们也是较晚才开始讨论这个话题的，所以相关资讯还没有传遍世界各地。但是，已经了解到资讯的人，必须开始行动、传递口号，更何况这个问题已经越来越严重了。

我们不想这件事发生，对吗？

如果我们不采取有效措施，预计到 2050 年，海洋中的塑料将会比鱼类更多（以重量计算）[1]。

1. 数据来源：艾伦·麦克阿瑟基金会——2016 年报告。

去皮甜橙

如今有些现象真的很荒唐。例如，有人用泡沫塑料和薄膜做包装，包去皮的香蕉或橙子！大自然赋予水果天然的包装，而我们却要把它扔掉，换成塑料！

我们可以做以下几件事：

牢记七个步骤（最后再加一个）

1. 重新思考

如果你在看这本书，那是因为你已经开始思考海洋塑料污染问题，并开始重新思考自己的习惯。这就是第一个步骤要提醒我们的：不能再这样下去了，我们必须做出改变！例如，当我们去购物时，通常只考虑产品本身，现在也要开始考虑它的包装。还有其他需要重新思考的问题：我真的需要这个产品吗？有没有对环境更加友好的替代品？

2. 拒绝

你能做的立竿见影的一件事就是拒绝不必要的物品。也就是学会说"不"。一个最鲜明的例子：吸管。它们真的不是必需品，而且代表着大量不会被回收且最终进入海洋的塑料。

请拒绝：

● 各种一次性用品（杯子、吸管、盘子……）

● 气球

● 你认为不必要的纪念品和玩具

● 用不必要的塑料包装起来的产品

● 塑料袋

● 喝水用的塑料瓶

一个小贴士： 人们给我们这些东西，通常都是出于好意。所以对我们的拒绝，他们可能会感到吃惊甚至被冒犯。发生这种情况时，可以向他们解释你拒绝的原因。当然，要一直面带微笑。这样效果更好。

如果他们仍然坚持，你就说你过敏！ ☺
请翻到第 128 页，查阅更多关于应对他人态度的技巧。

3. 减少塑料的使用

这是显而易见要做的，但或许也是最麻烦的。减少塑料的使用并不容易，因为它几乎扎根于我们消费的所有东西之中。很多时候，减少塑料就意味着减少消费。对于像我们这样生活在"消费社会"的人来说，并非都能做到的。但我们希望你能做到……

4. 修理

周围的一切让我们每时每刻都想买新东西！但是，如果我们能坚信自己的想法，改变态度就会容易得多。与其如此频繁地购买衣服、鞋子、玩具和手机，不如等到手里的东西无法修复时再去购买，当然，在你真正需要的时候再这样做。举几个例子：把摔碎的手机屏幕换掉（而不是买新手机），把鞋底脱胶的运动鞋重新粘好等。

遗憾的是，很多修东西的店铺已经消失了，但渐渐地，人们也自发组织起来，互相帮忙修理（比如现在很多城市都有"修理咖啡馆"）。

5. 再利用

如果塑料已经在你手上，那就尽可能延长它的使用寿命。好在很多塑料制品和包装都是可以反复使用的，例如瓶子、装零食用的包装物以及袋子。

你也可以利用一些难以避免使用的塑料来制作艺术品、装饰房间或收纳东西等（你会在互联网上发现很多奇思妙想，但你的脑海里肯定也有）。

6. 回收

鉴于我们在上一章中所解释的原因，回收应该是减少海洋塑料污染的最后一步，也就是说，我们应该首先尝试用前面几个步骤解决问题，实在不行，再选择回收。

虽然塑料回收还不是完美的解决方案，但我们还是要尽到自己的责任：所有的塑料包装物都应该放在生态回收站的黄色回收桶里。

不过，请记住：不能将玩具、水笔、家用电器、燃料罐或者汽油瓶等已被污染而无法回收的物品放入生态回收站。

避免塑料乱飞的重要贴士：请将包装物正确放置到回收桶内。如果容器已满，就在附近另选一个。

7. 革命

你可以借这个步骤走得更远，尝试让其他人和组织重新思考他们使用塑料的方式。例如，向你平时购物的连锁超市、餐馆以及咖啡馆发送资讯；在学校里多跟同学、老师交流，看看大家能在小吃店、食堂和垃圾回收站一起做点什么。

要是我们非常喜爱的饼干（恰好捂了四层包装纸）在超市里"召唤"我们呢？我们又想到一个步骤：抵制！

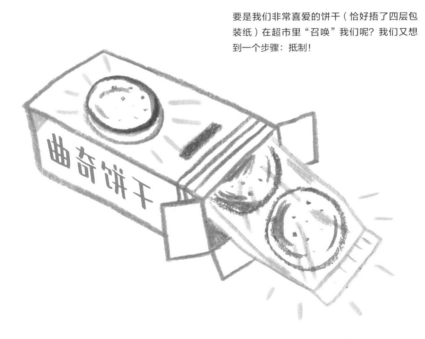

海洋塑料

塑料替代品

	塑料版本	去塑料版本	为什么?
塑料吸管		铝制、竹制吸管，或者可重复使用的塑料吸管。你也可以尝试稻草吸管，跟原版的一样（"吸管"的名字正是由此而来！[1]）	铝制或竹制的吸管具有可多次使用的优势。只要洗一洗就可以了。
塑料袋		可重复使用的袋子 马铃薯淀粉袋子 布袋 纸板箱	如果你要抵制塑料袋，那么背包里一定要随时带一个可重复使用的小袋子。
一次性塑料瓶		可重复使用的瓶子（水壶之类）	一个瓶子，终生受用。只要装满水、喝光、再装满就可以了（当然，也得时常清洗）。

124

塑料牙刷	木制或竹制牙刷；现在也有卖那种只更换刷头的牙刷（刷柄仍然保留）。	这是个令人百思不得其解的现象：海滩上有无数支牙刷！随着时间的推移，它们会变为成千上万个小碎片……
塑料棒棉签	用纸板、压缩纸、竹子或木头制成的棉签棒	跟塑料棒棉签一样好用，而且万一最后落入大海，还能完全降解。但是请记住：不管使用哪种棉签，都不可以扔进马桶。
气球	花环、风筝或者肥皂泡泡	这几件替代品同样色彩缤纷、适合节庆，而且能在海中完全降解并消失，对环境的影响也较小（但最理想的还是别让它们进入海洋）。

1. 在葡萄牙语里，"吸管"一词是从"稻草"演化而来的。——译者注

其他相当具体的点子

食品

称重购买食品，我们就能减少浪费，降低塑料的使用。因此，我们可以尽量购买散装产品（大豆、大米、水果和蔬菜）。但是我们一定要注意这些产品的原产地及保质期，因为这类信息通常写在标签上，而我们批量购买时不一定能看到。

我们也不能忘记，包装在食品安全方面有巨大优势，我们当然不能失去这个优势，但是要注意选择包装材料。

其他点子：
● 购买用烘焙纸包好的黄油；
● 避免购买用泡沫塑料方盘包装的鱼、肉以及水果；
● 避免使用一次性胶囊咖啡。

海洋塑料

洗涤剂和卫生用品

对于洗涤剂、沐浴液和洗发水，应尽量使用可重复填充的包装物，也可以购买粉状或棒状替代品。应回归固体香皂（你知道现在还有固体洗发皂吗？）。避免使用含有塑料微颗粒的卫生用品。平常在家时，可以用布巾代替纸巾。仔细看商品标签：聚乙烯（PE）、聚丙烯（PP）、聚对苯二甲酸乙二酯（PET），这些统统意味着：塑料！

衣服

避免购买合成面料（化纤类）的衣服——是的，这很难……但是能少买些衣服、每次都买质量较好的，这就已经很不错啦！减少洗涤化纤类衣物的次数，或者只做局部清理（比如去污渍），这样就能防止洗涤过程中释放的微塑料最终流入大海（现在市面上有卖可以留住塑料颗粒的专用洗衣袋）。

饮用水

喝水龙头里的水（只要管道水和管道系统质量过关）。

小任务

- -

请写下其他好点子

（已经在实施的、想实施的，或者还未完善的点子，都可以写下来）

_____

_____

_____

_____

_____

_____

_____

_____

_____

_____

_____

_____

我可不是什么外星人
（甚至还很接地气呢）

当你拒绝塑料杯、饮料中的吸管或者其他类似的东西时，有些人还会做出很滑稽的表情。有时候，他们甚至把我们看成外星人……但是，请注意，外星人为什么会如此关心地球的海洋呢？

如何应对他人的态度（或没有态度……）

当我们拒绝一次性塑料用品时，有些人（还是）会做出这种表情。

如果人们看到成吨的塑料漂浮在海上，可能会露出这样的表情。

大多数人意识到问题的严重性时，都会露出这种表情。

我们对环境所采取的行为会随着我们意识的增强而不断改变。比如，过去很多人出行时习惯当街撒尿、随地吐痰、往车窗外扔垃圾！他们觉得这很正常……但如今可不是这样！大家都已经意识到，生活在一个干净的环境里是多么惬意、健康和安全。

　　至于塑料问题，类似的情况也在发生：许多人看到塑料给环境带来如此严重的后果，也开始改变自己的态度……并影响其他人！

　　如果你遇到对塑料污染问题持怀疑态度、不了解情况或者认为你的态度很奇怪的人，不要咄咄逼人。请平静地把你所知道的事情解释给他们听，尽量让这些人也明白问题所在，激发他们想要改变的意愿。

连安娜都发生了改变：

当我还不关心海洋塑料的时候，我并不是今天的我。以前，当我发现一个问题，我会经常坐等别人去做点什么……从某一刻起，我改变了这种态度。我认为应该给相关负责人写信，措辞礼貌，但要提醒并说明问题的后果。我也会提出替代方案，分享信息。坚持做我想做的事。当对方出尔反尔时，我就抗议。因为关注海洋塑料污染问题，我也发生了改变。

你也行动起来吧！

优秀榜样

幸运的是，现在已经有许多很好的例子，这说明人们对海洋塑料问题有了新的态度！

在芬兰，一家连锁超市承诺到 2023 年，其名下所有商品将 100% 不含塑料，原有的塑料包装也将全部用纸板或其他可完全回收材料替代。

中国宣布，从 2018 年 1 月起，不再进口洋垃圾，特别是塑料废弃物。

2016 年，法国成为世界上第一个禁止使用一次性塑料盘子、杯子、刀叉的国家。该措施将在 2020 年全面执行。

2019 年，欧盟终于制定出一项应对塑料污染的计划，并规定截止到 2030 年，所有在欧盟境内流通的塑料包装都要被回收和再利用。在那之前，还有其他几项措施：例如，到 2025 年，每年生产的塑料瓶总量中应有 90% 得到回收；各成员国还必须禁止使用海滩上最常见的 10 种一次性塑料用品：吸管、棉签、杯子、刀叉或盘子。这几种塑料用品均已有替代品可供使用。

前些年在瑞典和德国，超市里已经出现一种回收废旧塑料瓶的机器，人们可以将塑料瓶或塑料罐放进去，从而获得一些钱。在瑞典，政府每年可收集 18 亿个塑料瓶和塑料罐；在德国，只有 1%—3% 的塑料瓶没有被回收，塑料罐回收率达到 99%。

在印度尼西亚的巴厘岛，伊莎贝尔（10 岁）和梅拉蒂·维森（12 岁）两姐妹决定开展一场大型宣传运动，让爪哇岛[1]成为一个没有塑料的岛屿。她们在海滩上看到数量惊人的塑料垃圾，十分担忧，便发起一项请愿活动，收到10 万多个签名，最后这些民众进行绝食罢工，终于引起了当地政府的注意！

许多国家都已采取措施，限制塑料袋的使用：早在2008 年，中国就禁止免费发放薄塑料袋（厚度小于0.025 毫米），并继续采取措施减少使用。很多国家与地区也纷纷效仿，对塑料袋征税，或限制其发放（澳大利亚、肯尼亚、智利、美国加利福尼亚州等）。

世界各地的科学实验室每天都在为应对塑料污染以及消灭塑料废弃物寻找可持续的解决方案。例如，科学家陆续发现，有些细菌、幼虫和真菌能够吃下并消化某些类型的塑料；再比如，或许我们可以改造酶，使其能够分解聚对苯二甲酸乙二酯（PET）塑料瓶（最常见的塑料种类）。

1. 爪哇岛离巴厘岛仅 3.2 千米。——译者注

让经济走上资源循环之路

在工业界，越来越多的人开始谈论一种叫作"循环经济"的理念，它会给世界带来巨大的变化。

今天，人们最常做的就是榨取自然资源，生产生活用品（鞋子、电脑、食品等），然后将残余物以某种方式（并不总是可持续的）扔掉。很多时候，他们也没有考虑到地球的资源是有限的，或者使用的能源是不可再生的。循环经济倡导行业和企业对自己产出的废弃物负责，并尽可能地在生产中实现材料的再利用（包括回收的材料），加强产品的修复（当产品损坏时），落实材料的回收（当产品超过使用期限之后），等等。总之，就是当一种原材料从自然界提取出来后，要在这个循环中流通很长、很长时间……这样就能为大自然腾出时间，实现再生。

这个主意棒极了，你觉得呢？

我们需要建立一个网络

　　为了解决海洋中的塑料污染问题，我们需要建立一个超级团队！一个庞大的网络，囊括世界上所有年龄、职业和地区的人，还要包括企业、组织和政府。

全世界的人，团结起来吧！

渔民海滩（卡斯凯什海湾），2015 年 10 月

拉索海角，2015 年 9 月

克里斯米纳海滩，2016 年 2 月

阿巴诺海滩，2016 年 6 月

金舒海滩[1]，2016 年 10 月

阿文卡斯海滩[2]，2018 年 3 月

1、2. 金舒海滩、阿文卡斯海滩均位于卡斯凯什城沿海。——译者注

拉索海角，2015—2017 年

CRISMINA

* 图片中文字意为克里斯米纳海滩。

CABO RASO

今日收藏， 2015 年 11 月 30 日

图片中文字意为拉索海角。

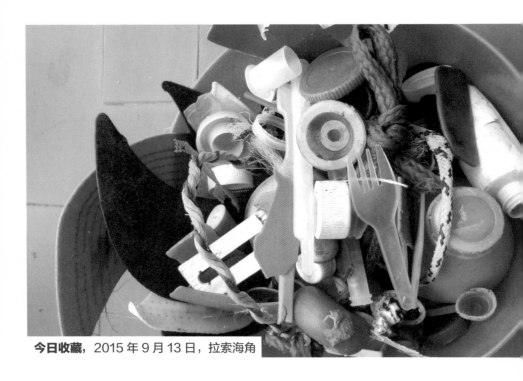

今日收藏，2015 年 9 月 13 日，拉索海角

来自众多海滩的材料，2015 年 7 月 22 日

来自手工作坊的各种零件，2018 年 8 月

今日收藏，2015 年 10 月 20 日，阿巴诺、金舒海滩和拉索海角

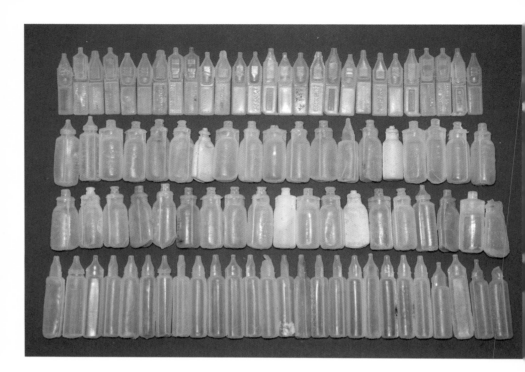

展览经历， 2016 年夏天

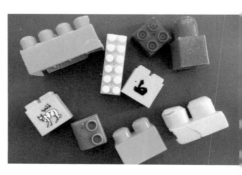
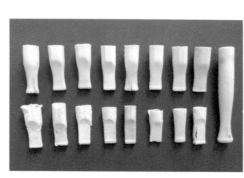

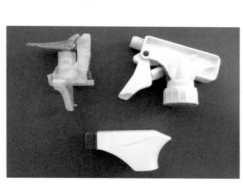
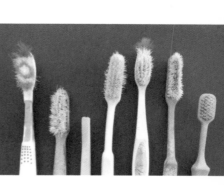

路易斯 · 金塔拍摄

《塑料鲸鱼》(*Balaena plasticus*)

2014 年，为了提高各个年龄段人群的问题意识，安娜与自然摄影师路易斯·金塔（Luís Quinta）共同创作了《塑料鲸鱼》，并获得葡萄牙阿尔马达市政厅的支持。

《塑料鲸鱼》是一件长约 10 米的艺术品，表现了一头须鲸的完整骨架，全部用海滩上发现的白色塑料制品搭建而成。

一头鲸，作为地球上最大的动物，代表着海洋塑料是当今世界最严重的问题之一。

更多关于塑料的事

（一次性）塑料生活面面观

根据现有的塑料生产数据，我们可以说："人类近十年来生产的塑料比过去一百年间生产的都要多[1]。"这看起来太夸张了吗？如果留意一下周围的东西以及自己的消费习惯，你很快就会得出结论：

这一点儿也不奇怪。

1. 数据来源：欧洲塑料制造商协会《塑料数据》2013 年报告。

看看你周围，判断一下		
	塑料? **是**	塑料? **否**
你踩的地板是用什么材料做的?		
学校的墙壁呢?		
你坐的椅子?		
衣服和鞋子?		
装洗发水的瓶子?		
黄油包装袋?		
牛奶包装?		
洗涤剂包装?		
电脑和电视机?		
你的手机?		
你的眼镜?		

结论: 我们身边几乎所有东西都是由塑料或含有塑料成分的材料制成的。今天，我们可以住在铺着塑料地板、摆放着塑料家具的房子里，在塑料桌子上工作，使用塑料做成的电脑，穿着塑料衣服（看一下衣服标签吧，你会很惊讶的）、塑料鞋子，吃着好几层塑料包起来的食物，用塑料盘子和杯子吃饭喝水。在很多国家，连去角质霜和牙膏都可能含有塑料！

更多关于塑料的事

小任务

- - - - - - - - - - - - - - - - -

在你的《野外指南》上做好记录

从早晨起床到夜里睡下，你经手了哪些塑料？

一天刚刚开始，你正在关闹钟（它是用什么做的？）。

你朝卫生间走去，脚踩着地毯（这又是用什么做的？）。

你洗脸（假如你用了香皂，它刚才放在哪儿呢？）。

请继续记录……

早上	下午	晚上

情况总是这样吗？

使用塑料是正常的，太正常了，以至于我们根本不会去想这件事。但情况并不总是这样。今天，我们过着一种买完就用、用完就扔的生活，这对我们的曾祖父母和爷爷奶奶那一辈人来说是不可想象的。我们可以接触到大量种类繁多的消费品，也习惯了产品只使用很短的时间。

此外，我们用的很多物品都是包装好的。包装之所以有用，是因为它能够保护、运输商品，向我们提供商品信息。然而，产品过度包装的现象也很常见，过度包装是指使用过多的包装物（很多时候只是为了让产品看起来块头更大）。我们也会遇到买来的东西被放在泡沫塑料里，其实根本没这个必要，比如很多水果、蔬菜或肉类产品就是这样，原本在超市里就已经包好了，却还要再加一个泡沫塑料包装。

如果说要回到那个靠马车把牛奶（经常因为天气热而馊掉……）从农村运到城市的时代，那肯定是痴人说梦。我们已经发明了这么多不可思议的东西，不充分利用现有的技术和材料就太不明智了。然而，思考我们的选择会带来怎样的后果，慎重决定何时购买或使用塑料制品，这也很重要。塑料是一种独特且十分有用的材料，但会使环境遭到严重破坏，因此我们必须有意识地合理使用。

这部手机是个恐龙级别的古董，已经用了四年啦！

塑料简史

1856 年:"帕克辛"问世。这是第一种由纤维素[1]和硝酸制成的半合成塑料。 在那之前,台球是用象牙做的,此后则改用这种材料制作(大象们时来运转啦)。
发明者:亚历山大·帕克斯(Alexander Parkes)。

1907 年:第一种完全合成的塑料"贝克莱特"(酚醛塑料)问世。 如果说"帕克辛"还是由某种天然材料制成的,那么"贝克莱特"就是第一种全合成塑料。
发明者:列奥·贝克兰(Leo Baekeland)。

1913 年:德国人弗里茨·克拉特(Fritz Klatte)为聚氯乙烯(PVC)申请专利。

1916 年:首批具有塑料内饰的汽车问世。

20 世纪 30 年代:塑料,神奇的材料!
第一次世界大战结束后,聚苯乙烯、聚乙烯等新型塑料出现。人们彻底被惊艳到了……

1938 年:第一批由聚酰胺(尼龙)制成的牙刷问世。

1941 年:新型塑料聚对苯二甲酸乙二酯(PET)获得专利注册。

1948 年:第一批黑胶唱片(LP)面市。

1949 年:第一批纤维织物(塑料)开始销售。

20 世纪 50 年代:塑料制品投入大规模生产。
第二次世界大战之后,人们开始生产塑料家用电器以及用模具制造的塑料用品。

---

1. 纤维素是植物细胞壁的主要成分。

结果：过去由于手头拮据而无法购买各种产品的人，现在买得起了，因为改用塑料生产后，产品变得更加便宜（如收音机、家用电器等等）。人们开始去商店抢购塑料！

1950 年： 首批塑料袋问世。

1953 年： 德国化学家赫尔曼·施陶丁格（Hermann Staudinger）因证实生命有机体内含有大分子化合物（他称之为聚合物）而获得诺贝尔化学奖。

1955 年： 很多国家，比如欧盟成员国，都把一次性消费视为先进的现代生活方式。"用完即扔"竟然成了一种时尚！

1957 年： 聚丙烯（PP）开始上市。

1958 年： 乐高公司为其著名的积木（塑料）拼搭系统注册了专利。

1976 年： 塑料成为世界上使用面最广的材料。

1979 年： 首批移动电话（当然也是用塑料做的）问世。

1989 年： 首批会发光的塑料面世。

1990 年： 第一种可生物降解的塑料上市。（终于！）

2000 年代： 纳米技术进入塑料生产领域。

2009 年： 波音 787（50% 的材料都是塑料！）进行首次飞行测试。

塑料到底有什么特别之处？

塑料是一种合成材料，轻巧、柔韧、耐腐蚀，可以生产各种密度、形状、质地、透明度和颜色的产品。正因为其可塑性如此之强，我们才能拥有既好看又非常符合需求的消费品。举几个例子：有的塑料轻薄柔软，可以用来制作紧身裤袜或隐形眼镜；有的用来生产人造皮革；有的对化学物质有很强的抗腐蚀能力（如强力洗涤剂包装所含有的那种塑料），或者韧度极强，能用于制造防弹背心、飞机和汽车等。

除此之外，塑料还有一个特点使其在众多材料中独树一帜，那就是耐用。当人们需要生产使用期限较长的物品时，塑料就会因其不易降解而成为显而易见的最佳选项。不过……为什么我们要把这么结实耐用的材料用在只经手几分钟或几个小时的东西身上呢？

这是个很重要的问题。

灵活

塑料对环境也是有好处的，你知道吗？

比如，许多交通工具，像汽车、飞机等，都含有大量塑料。由于塑料使这些交通工具变得更轻，跑动起来也就不需要那么多燃料了。

结实

轻盈

塑料真的是必需品吗？

一个塑料袋的平均使用时间只有 15 分钟（但它的寿命却有好几百年）。那你在商场餐厅里吃午饭时用的那些一次性杯子、盘子、餐具、瓶盖和吸管呢？就算你吃得非常慢，这些塑料制品最多也就用个五六十分钟吧……

物理化学小课堂

塑料究竟是什么？

所有的塑料都是人造合成材料，属于一个由各种聚合物材料组成的庞大家族。聚合物是分子量极大的化合物（大分子），由较小的单元构成，这些单元叫作单体，它们相互连接，形成长长的分子链。

想象一下珍珠项链或花环，它们都是由某个单体元素自我重复、重复再重复形成的……从显微镜里看，聚合物长这样：

由一种单体聚合而成的聚合物，我们就说它是均聚物（例如某些水瓶材料中所含的聚乙烯）；由两种或两种以上单体聚合而成的聚合物，我们就说它是共聚物（例如某些洗涤剂包装物所含有的聚丙乙烯）。

均聚物

要想成为聚合物，单体至少要自我重复一万次以上！

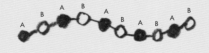

共聚物

168

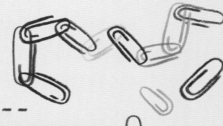

小任务

- - - - - - - - - - - - - - - - -

收集一些彩色回形针，组装成聚合物的分子链结构：

1. 每个回形针代表一个单体……

2. 现在请把它们组装成一个均聚物……

3. 现在再把它们变成共聚物。

- - - - - - - - - - - - - - - - -

塑料并不是千篇一律的

塑料分为两大类：热塑性塑料和热固性塑料 [1]。热塑性塑料加热后会熔化，可以再次成型，回收也更容易，比如聚氯乙烯（PVC）、聚苯乙烯（PS）和聚乙烯（PE）。

尽管数量较少，海洋中也有一些热固性塑料（比如聚氨酯泡沫和酚醛树脂）。它们不能再次成型，因为其化学结构会在再次加热时发生变化。换句话说，要回收热固性塑料，难度更大。

-----

1. 也被称作热固性聚合物或热固性塑胶。

塑料是怎么生产出来的？（分6个步骤）

（1） 制造塑料所需的主要原料来自石油化工行业，即来自石油。

（2） 石油要在炼油厂进行加热和蒸馏，也就是说，必须将石油置于高温下，使其成分分离。你可能不知道，石油是由数千种化学物质组成的复杂混合物，其中很多物质都是碳氢化合物（即只含碳和氢的化合物）。

（3） 在炼油塔的每一层以及不同的温度下，我们会得到不同的石油衍生物，例如汽油、柴油、煤油、石脑油[1]……

（4） 石脑油加热后，就会产生乙烯，这是用来制造塑料最简单的物质。我们也能从炼制汽油的过程中得到丙烯、丁二烯和苯乙烯等物质。

（5） 既然我们已经有了孤立的单体，就需要把它们连接起来，形成长分子链。这是通过一种叫作聚合作用的化学反应来实现的。高温、高压或化学添加剂都可以激发聚合作用。嘀嗒！这就成了。

（6） 人们经常在塑料中添加其他能改变塑料特性的物质，即添加剂。比如，可以添加一种物质，使塑料具有颜色，再添加另一种，增强柔韧性，等等。

海洋塑料

---

1. 也叫化工轻油，是一种用于化工原料的轻质油。——译者注

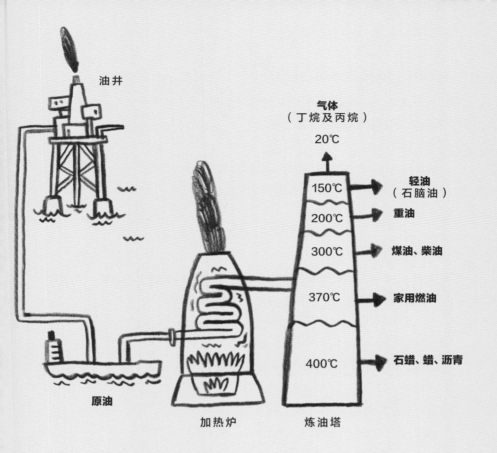

油井

气体
（丁烷及丙烷）
20℃

150℃ —— 轻油
（石脑油）

200℃ —— 重油

300℃ —— 煤油、柴油

370℃ —— 家用燃油

400℃ —— 石蜡、蜡、沥青

原油

加热炉　　炼油塔

生产塑料带来的环境后果

在石油开采和运输过程中，如果发生事故导致石油在海上泄漏，就会立刻对环境产生严重污染。

之后，在蒸馏石油的过程中，还会产生大量二氧化碳和其他气体，增强地球温室效应。换句话说，只要是蒸馏石油，我们就在加速气候变化。

自然界有跟塑料相似的物质吗？

如果你稍加注意，就会发现人们经常用"塑料"这个词表达贬义，指代任何本该天然、实际上却是人工的东西……

但是在自然界，也有一些天然聚合物被长期使用，如某些树和昆虫的树脂、天然沥青、蜡、或者一些动物的甲壳和犄角。

几个例子：

● 虫漆是一种由亚洲昆虫紫胶蚧（*Kerria lacca*）分泌出来的紫胶，大量用于家具涂层和装饰。

● 3500 多年前，在现今为墨西哥的地区，人们已经知道从橡胶树中提取一种名为乳胶的树脂，可以用来制造球状物。

● 龟壳过去常被用来制成箱子、梳子、保险柜或者乐器。对龟壳的攫取使得玳瑁（*Eretmochelys imbricata*）这种动物濒临灭绝。

● 人体内同样存在聚合物，比如指甲和头发，甚至我们的 DNA，后者是由自我复制的单体所构成的长分子链，是一种包含了我们所有遗传信息的高分子化合物。

致谢名单

卡塔里娜·埃拉

克里斯托弗·基姆·彭

埃斯特尔·塞朗

吉尔·佩尼亚·洛佩斯

路易斯·金塔

米格尔·阿兰达·达·席尔瓦

丹娅·门德斯·西尔韦拉

特雷西·威廉姆斯

安娜·米利亚泽斯·马丁斯：葡萄牙零废弃项目创始人。她向世人展示了如何在几乎不产生垃圾的情况下生活。

卡罗琳娜·萨拉马戈：关切地球环保协会创始人之一。

卡塔里娜·格里洛：古本江可持续性项目负责人

尤妮斯·马亚：马利亚·格拉内尔项目成员，在葡萄牙开设了第一家不含塑料的散装品商店。

埃尔贝托·菲格雷多（来自塑料沙滩俱乐部）、**贡萨洛·席尔瓦**（来自银色海岸拾荒俱乐部）和**西尔瓦诺·贝姆**（来自海毛虫俱乐部）：我认识的第一批葡萄牙海滩拾荒者。

米格尔·拉塞尔达：海洋守护者项目成员。

葡萄牙海洋垃圾协会（APLM）

海洋纵队：感谢该组织为我们的海滩进行大规模清洁。

海洋生机：感谢该组织与萨杜河河口沿岸社区合作所付出的努力。

感谢所有长期致力于宣传清除海洋垃圾的其他人士与协会组织。

特别感谢**保拉·索不拉尔教授。**

173

安娜·佩戈

　　安娜小时候很幸运，因为她的父母就住在海滩边上——有些人有后院，安娜则拥有一片海滩，她喜欢在那里度过大部分时光，探索、散步、思考……

　　涨潮时，她会去游泳，纵身潜入海水之中；退潮时，就去潮池探险、远足、寻找化石。（我们说的是过去，但她现在仍然这样！）

　　安娜从未与海滩失去联系，正是在海边，她不断发现"海洋宝藏"，供工作室研究使用。如今，"宝藏"中不再只有海胆、螃蟹和海葵，还有另一个"物种"值得所有人关注，那就是塑料。

尽管年龄不断增长，安娜对大海的兴趣和好奇心却从未消失。她最终进入阿尔加维大学攻读海洋生物与渔业专业，毕业后做了几年研究，始终与海洋保持着密切联系：先是在阿尔加维大学从事渔业方面的工作，后来在卡斯凯什的吉亚海洋实验室（海洋与环境科学中心／里斯本大学科学院）担任技术员。

近年来，安娜主要致力于将科学与艺术相结合的环境教育项目，因为她希望能加强人们对海洋保护问题的关注和认识，而且她相信通过艺术，我们可以与这些事建立起紧密的联系。因此，安娜创立了海洋塑料（*Plasticus maritimus*）项目，网上还有一个同名主页，她会在上面随时汇报自己的发现。

安娜，你为什么把垃圾叫作"宝藏"？

嘿嘿，好问题！当然，垃圾就是垃圾。尤其当它破坏环境的时候，自然就不是什么宝藏了。但我发现，有些垃圾会很有趣，因为它们非常罕见，还可以讲述不为人知的故事，甚至能加深我们对海洋、洋流、海水侵蚀以及污染物等方面的了解。所以我有时候就在这个意义上使用"宝藏"这个词。

安娜，摄于阿文卡斯海滩，1978 年